3D打印技术及应用

梁汉昌　陈结龙　莫锡强　黄坚梅　主编

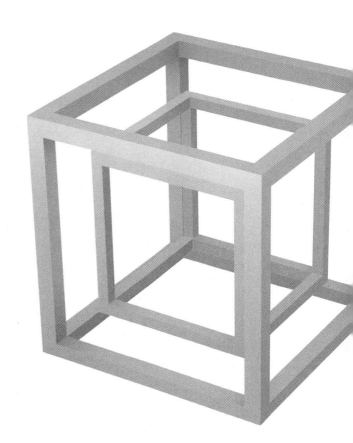

www.waterpub.com.cn
·北京·

内 容 提 要

3D打印是一种颠覆传统制造的技术。本书从实际应用出发，以项目和任务的形式对3D打印技术进行了系统、全面的介绍。本书详细地讲解了3D打印技术的形成与发展、典型的3D打印技术、三维CAD模型的创建、3D打印技术规划与数据处理、3D打印技术的后处理及成型精度、3D打印常见问题及解决对策等，并引入丰富的企业实践案例深入浅出地讲解和示范了3D打印应用的各个工艺，包含正逆向建模、格式转换、数据处理、后处理、成型技术、精度测试、后端维护等内容。

本书可作为高等职业院校相关专业的教学用书，也可作为相关岗位从业人员的自学用书。

图书在版编目（ＣＩＰ）数据

3D打印技术及应用 / 梁汉昌等主编. -- 北京 : 中国水利水电出版社，2020.4
ISBN 978-7-5170-8510-2

Ⅰ．①3… Ⅱ．①梁… Ⅲ．①立体印刷—印刷术 Ⅳ．①TS853

中国版本图书馆CIP数据核字(2020)第060541号

书 名	**3D 打印技术及应用** 3D DAYIN JISHU JI YINGYONG
作 者	梁汉昌 陈结龙 莫锡强 黄坚梅 主编
出版发行	中国水利水电出版社 （北京市海淀区玉渊潭南路1号D座 100038） 网址：www. waterpub. com. cn E - mail：sales@waterpub. com. cn 电话：（010）68367658（营销中心）
经 售	北京科水图书销售中心（零售） 电话：（010）88383994、63202643、68545874 全国各地新华书店和相关出版物销售网点
排 版	中国水利水电出版社微机排版中心
印 刷	清淞永业（天津）印刷有限公司
规 格	184mm×260mm 16开本 11.75印张 286千字
版 次	2020年4月第1版 2020年4月第1次印刷
印 数	0001—1500册
定 价	**48.00元**

前言

3D 打印技术，又被称为快速成型（rapid prototype & manufacturing，RP 或 RPM）技术或增材制造技术，是在计算机的控制下，由计算机辅助设计（computer aided design，CAD）直接驱动，将材料精确堆积成复杂三维实体的原型或零件的制造技术。3D 打印技术彻底改变了制造业的生产方式，成为先进制造技术的重要组成部分，使"从想法到产品"成为现实，推进传统制造向智能制造转变。其最大的特点在于制造的高柔性，即无需任何专用工具，尤其适用于制造复杂的实体零件。因此，在航空航天、汽车工业、模具行业、医疗、文化艺术等各个领域等方面都有应用。

随着"第三次世界革命"和"工业 4.0"的提出，3D 打印技术开始进入大众的视线，目前 3D 打印技术已较成熟，尤其是工程应用人员对其的需求量越来越大，但有关 3D 打印技术的图书较少且各行各业更侧重于典型技术的介绍，而对 3D 打印技术如何应用，具体涉及哪些关键因素，成型精度如何衡量等内容都未涉及，特别是针对高职高专学校使用的该方面教材更是缺乏，本书正是针对这种状况而编写的。

本书从实际应用出发，以项目的形式对 3D 打印技术进行系统、全面的介绍。详细介绍了 3D 打印技术的形成与发展、典型的 3D 打印技术、3D 打印应用的关键技术等内容。以目前市面上普及率最高的 FDM 技术、SLA 技术等作为 3D 打印技术的代表，介绍了 3D 打印技术的工艺处理、打印精度和设备基本维护等内容。本书的特色在于从实际应用出发，深入讲解应用过程中的各个关键技术，引入丰富的实践内容，图文并茂地介绍了 3D 打印技术的实践应用。全书共分六个项目，具体如下：

项目一简要介绍了 3D 打印技术的形成、原理、应用领域及发展趋势。

项目二详细、系统介绍了几种典型 3D 打印技术，从技术背景、原理、特点及材料、主要厂家和典型设备等内容对任务进行阐述，并介绍了几种成型技术的比较及选用原则。

项目三介绍了三维 CAD 模型的创建，包括正向建模和逆向建模两种。介绍了常用的正逆向建模软件，以实际案例深入解析建模方法和思路，为打印数据做准备。

项目四介绍了 3D 打印技术规划与数据处理，包括三维模型的格式转换、数据处理及模型的 3D 成型。

项目五介绍了 3D 打印技术的后处理及成型精度，包括集中典型 3D 打印技术的后处理工艺及成型精度的影响因素及测试方法，为打印出完美的实体模型提供思路。

项目六介绍了 3D 打印常见问题及解决对策，解决了 3D 打印应用和后端的维护问题。

书中援引了大量学者及工程师的研究成果，在此对作者表示感谢。

由于编者水平有限，书中难免存在不妥之处，敬请读者批评指正。

作者

2019 年 11 月

目录

项目一 3D 打印技术概论

项目引入

3D 打印技术诞生于 20 世纪 80 年代后期，是一种基于离散堆积原理的新兴制造技术。与传统制造技术不同，3D 打印技术依据计算机指令，通过层层堆积原材料制造产品，变传统加工业的"去除法"为当今的"增长法"，因此，又被称为增材制造技术。从产品的有模制造到无模制造，3D 打印技术为制造业带来革命性的重大变革，因此被认为是制造领域的一个重大成果。

作为一门交叉学科，3D 打印技术集机械工程、CAD 技助、逆向工程技术、分层制造技术、数控技术、材料科学、激光技术等于一身，其应用领域非常广泛。从工业造型、机械制造、航天航空到医学、考古、文化艺术、雕刻、首饰等领域，3D 打印技术已逐渐成为了产品快速制造的强有力手段。但是，从目前 3D 打印技术的研究和应用现状来看，它仍然面临来自技术本身的发展限制。因此，只有突破 3D 打印技术自身的局限性，才能拓展出更广阔的应用空间。

任务一 3D 打印技术的形成

学习目标

1. 了解 3D 打印技术产生的背景。
2. 了解 3D 打印技术的形成与发展历程，熟悉其国内外发展动向。

任务描述

通过多媒体课件的演示，了解和熟悉 3D 打印技术产生的背景、发展历程，通过课前搜集相关资料、师生互动、分组讨论加强对本任务学习内容的理解和掌握。

知识平台

一、3D 打印技术产生背景

随着科技的快速发展，人们对日常衣食住行提出了更主体化、个性化和多样化的要

求。为应对消费者不断变化且无法预测的需求，产品制造商不仅要迅速地设计出符合人们消费需求的产品，而且必须对新产品进行快速生产，响应市场。全球市场一体化的形成，使得制造业的竞争更加激烈，产品的开发速度日益成为竞争的主要焦点。传统的产品开发是从前一代的原型中发现不足或从进一步的研究中发现更优的设计方案，而原型的生产首先需要准备模具，模具的制备周期一般为几个月，而复杂模具的加工更是困难重重，这就造成了我国高新产品研发周期长，试制能力差的现状。此外，制造业在日夜兼程的追赶新产品开发脚步的同时，又必须体现出较强的生产灵活性，即能够小批量甚至单件生产而不增加产品成本。因此，产品开发的速度和制造技术的柔性变得十分关键。

　　3D打印技术就是在这样的社会背景下发展起来的。20世纪80年代后期，RP技术以离散/堆积原理为基础和特征，首先在美国诞生并被商品化。3D打印技术的成型原理如图1-1所示，3D打印技术首先需要将零件的电子模型（如CAD模型）按一定方式离散，转换成可加工的离散面、离散线和离散点，然后采用多种手段，将这些离散的面、线段和点堆积形成零件的整体形状。总体来说，由于上述工艺过程无需专用工具，工艺规划步骤简单，制造成本较数控加工下降20%～30%，周期缩短10%～20%，大大提高了企业高新产品的开发能力和市场竞争力。

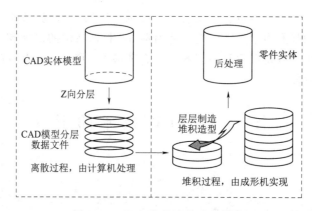

图1-1　3D打印技术的成型原理

　　3D打印技术是CAD、数据处理、数控、测试传感、激光等多种机械电子技术以及材料科学、计算机软件科学的综合高科技技术，3D打印技术的主要支撑技术如图1-2所示。因此，各种相关技术的迅速发展是3D打印技术得以产生的重要技术背景。

　　3D打印技术具有非常广阔的前景和应用价值，世界上主要工业国家的政府部门、企业、高等院校、研究机构纷纷投入巨资对3D打印技术进行开发和研究。当前国际已形成一股强劲的3D打印技术热，且发展十分迅猛。例如：2012年8月，美国增材制造创新研究所成立，联合了宾夕法尼亚州西部、俄亥俄州东部和弗吉尼亚州西部的14所大学、40余家企业、11家非营利机构和专业协会；英国诺丁汉大学、谢菲尔德大学、埃克塞特大学和曼彻斯特大学等相继建立了增材制造研究中心；德国建立了直接制造研究中心，主要研究和推动增材制造技术在航空航天领域中结构轻量化方面的应用等。美国、日本以及欧洲等都站在21世纪世界制造业全球竞争的战略高度来对待这一技术。

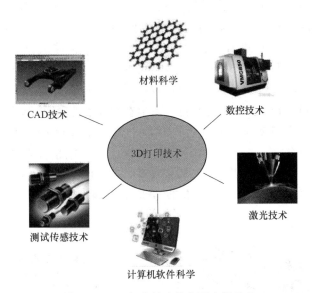

图1-2 3D打印技术的主要支撑技术

二、3D打印技术的发展历程

3D打印技术的基本原理是基于离散/堆积成型，它的发展最早可追溯到19世纪的早期地形学工艺领域。1892年，J. E. Blanther就在其专利中提到利用叠层的方法来制作地图模型，早期的3D打印技术叠加模型如图1-3所示。从1892年至1979年的近100年间，Blanther、Carlo Baese、Perera、Matsubara、Nakagawa等学者先后提出以蜡片、透明纸板、光敏聚合树脂为材料进行堆叠，采用切割或选择性烧结的方式制备立体模型。

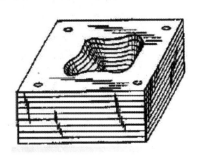

图1-3 早期的3D打印
技术叠加模型

20世纪70年代末到80年代初，3D打印技术这个概念被正式提出。随后，Charles W. Hull在美国UVP（Ultra-Violet Products）公司的资助下完成了第一套立体光固化快速成型制造装置的研发。1988年，由美国3D Systems公司生产并售出第一台商用立体光固化成型装置（stereo lithography apparatus，SLA），标志着3D打印技术正式迎来商业化、工业化的时代。此后，其他的成型原理，比如选择性激光烧结（selective laser sintering，SLS）、熔融成型（fused deposition modeling，FDM）、分层实体制造（laminated object manufacturing，LOM），及其相应的成型设备也被先后以商业化形式推出。1996年，全球已成立3D打印服务中心达284个；截至1998年，已安装的3D打印设备数量由1988年的34套增至3289套，3D打印产业的直接收入达10亿美元，市场增长率为40%。

相较于3D打印技术快速发展的美国、德国、日本等发达国家，我国的3D打印研究起步较晚。国内部分企业及机构最初只能靠引进国外 3D 打印技术及设备进行生产，但由于其高昂的价格和对打印材料的依赖性使得制造成本很高。为解决我国制造业对 3D 打印技术的迫切需求，一些高等院校和研究机构，如清华大学、西安交通大学、华中科技大学、上海交通大学等都迅速开启对 3D 打印技术的研究工作，并取得了显著的成果：清华大学研制出世界上最大的 LOM 双扫描成型设备，自主开发的大型挤压喷射成形 3D 打印设备也居世界之首；西安交通大学在卢秉恒院士的带领下研发出具有国内领先水平的激光快速成型系统，并在打印材料上取得重大突破，西安交通大学研发的激光快速成型系统如图 1-4 所示；华中科技大学已成功推出商业化的 LOM 和 SLS 成型设备，华中科技大学研发的快速成型设备如图 1-5 所示；上海交通大学开发了具有我国自主知识产权的铸造模型计算机辅助快速制造系统，为汽车制造行业做出巨大贡献。

图 1-4　西安交通大学研发的激光　　　　　图 1-5　华中科技大学研发的
　　　　　快速成型系统　　　　　　　　　　　　　　快速成型设备

目前，我国的 3D 打印设备及技术已接近先进国家同类产品的发展水平，完全可以满足国内制造行业的复杂需求。同时，由于自主研发的配套材料也逐渐趋于完善，使得我国对进口材料的依赖性得到明显改善。这标志着我国已初步形成了 3D 打印设备和配套材料的制造体系。

 课后习题

1. 3D 打印技术与传统制造技术在开发流程上有何区别？
2. 3D 打印技术需要哪些技术的支持？
3. 在网络上收集国内外 3D 打印技术方面的资料，哪些国家技术发展比较成熟，其各自的优势有哪些？国内的发展情况又如何？

任务二　3D 打印技术的原理

学习目标

1. 熟悉 3D 打印技术的原理，注意其与传统制造的区别。
2. 了解 3D 打印技术的工艺流程。
3. 了解 3D 打印技术典型的分类方式及各技术的基本特点。
4. 熟悉 3D 打印技术常见的成型材料。

任务描述

　　通过老师讲解、实地考察实训室、查阅资料等熟悉 3D 打印技术的原理，熟悉其与传统加工制造技术的区别，了解 3D 打印技术的分类及技术特点，熟悉 3D 打印技术常见的成型材料，通过分组讨论，总结本任务学习内容。

知识平台

一、3D 打印技术的原理

（一）3D 打印技术的基本原理

　　传统的制造工艺是从毛坯上去除多余材料的切削加工方法（又称减材加工），或借助模具锻压、冲压、铸造或注射成型。而 3D 打印技术与传统加工制造方法不同，首先将三维模型按一定的方式进行离散，将其转变成可加工的离散面、离散线、离散点；然后采用多种物理或化学方式，如熔融、烧结、黏结等，将这些离散面、线、点逐层堆积；最后形成实体模型或产品。因此，3D 打印技术也被称为增材制造（material increasing manufacturing，MIM）或分层制造技术（layered manufacturing technology，LMT）。它集机械工程、CAD、逆向工程技术、分层制造技术、数控技术、材料科学、激光技术于一身，可以自动、直接、快速、精确地将设计思想转变为具有一定功能的实体原型或直接制造出零件成品，从而为零件原型制作、新设计思想的校验等方面提供了一种高效率、低成本的实现手段。

　　3D 打印技术成型过程如图 1-6 所示，3D 打印技术就是利用三维 CAD 数据，通过 3D 打印机，将一层层的材料堆积成实体原型。首先通过三维建模软件获得零件的 CAD 文件，并将该文件导出成 3D 打印设备所能识别的 STL 格式。打印设备根据零件模型对其进行分层处理并离散，从而得到各层截面的二维轮廓信息，系统根据轮廓信息自动生成加工路径，由成型头在系统的控制下，逐点、逐线、逐面的对成型材料进行立体堆积，从而完成对三维坯件的制作，最后再对坯件进行必要的后处理，使零件在功能、尺寸、外观等

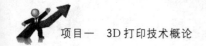

方面满足设计需求。

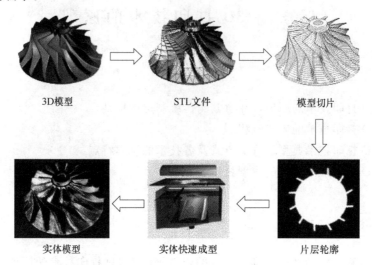

图1-6　3D打印技术成型过程

3D打印技术突破了传统的制造工艺,把传统的减材加工变为增材立体加工(图1-7),忽略了制件的外形复杂程度,完全真实地复制出三维造型。由于3D打印技术是把复杂的三维制造转化为一系列二维轮廓的叠加,因此它无需借助任何模具和工具,可直接生成具有任意复杂曲面的零部件或产品,从而极大地提高了生产效率和制造柔性。

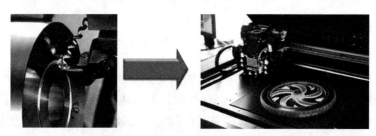

图1-7　3D打印技术变减材加工为增材立体加工

(二) 3D打印技术的工艺过程

3D打印技术的工艺过程一般都包括产品三维模型的构建、3D打印前处理、实体叠加成型过程及成型制件后处理四个步骤。3D打印技术工艺流程如图1-8所示。

1. 产品三维模型的构建

由于3D打印系统是由三维CAD模型直接驱动,因此首先要构建产品三维模型,如图1-9所示。该三维模型可以利用计算机辅助设计软件(如Pro/E,UG,Solidworks,I-DEAS等)通过构造性立体几何表达法、边界表达法、参量表达法等方法直接构建,也可以将已有产品的二维图样进行转换而形成三维模型,或对产品实体进行激光扫描、计算机断层扫描(computed tomography,CT),得到点云数据,然后利用逆向工程的方法来构造三维模型。

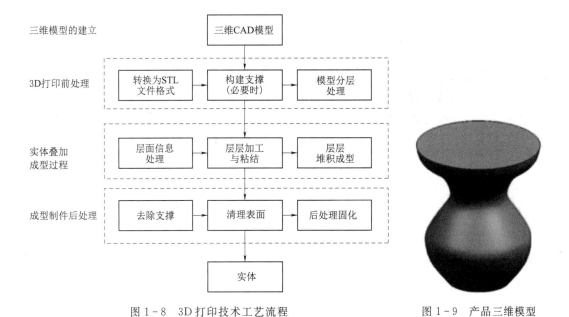

图1-8　3D打印技术工艺流程

图1-9　产品三维模型

2. 3D打印前处理

（1）三维模型的近似处理。由于产品往往有一些不规则的自由曲面，加工前要对模型进行近似处理，以方便后续的数据处理工作。由于STL格式文件格式简单、实用，目前已经成为3D打印领域的准标准接口文件。它是用一系列的小三角形平面来逼近原来的模型，每个小三角形由3个顶点坐标和1个法向量来描述，三角形的大小可以根据精度要求进行选择。STL文件有二进制码和ASCII码两种输出形式，二进制码输出形式的文件所占的空间比ASCII码输出形式的文件小得多，但ASCII码输出形式可以进行阅读和检查。典型的CAD软件都带有转换和输出STL格式文件的功能。

（2）三维模型的分层处理。根据被加工模型的特征选择合适的加工方向。在成型高度方向上用一系列一定间隔的平面切割近似后的模型，以便提取截面的轮廓信息。间隔一般取0.05～0.5mm，常用0.2mm，目前最小分层厚度可达0.016mm。层厚越小，成型精度越高，但成型时间也越长，效率就越低，反之则成型精度降低，但效率提高。

3. 实体叠加成型过程

根据切片处理的截面轮廓，在计算机控制下，相应的成型头（激光头或喷头）按各截面轮廓信息做扫描运动，在工作台上一层一层地将材料堆积在一起，各层材料通过交联或黏结固化后，最终得到成型制件。实体叠加成型过程如图1-10所示。

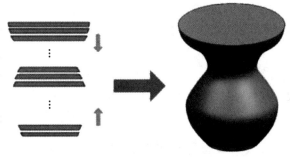

4. 成型制件后处理

从打印设备里取出成型制件，进行

图1-10　实体叠加成型过程

打磨、抛光、涂覆，或放于高温炉中进行后处理烧结，以进一步提高原型产品强度。

二、3D打印技术的特点

（一）快速性

通过STL格式文件，3D打印系统几乎可以与所有的CAD造型系统无缝连接，从CAD模型到完成原型制作通常只需几小时到几十小时，可实现产品开发的快速反馈。以快速原型为母模的快速模具技术，能够在几天内制作出所需材料的实际产品，而通过传统的钢制模具制作，至少需要几个月的时间。

（二）高度集成化

3D打印技术实现了设计与制造的一体化。在成型工艺中，计算机中的CAD模型数据通过接口软件转化为可以直接驱动3D打印设备的数控指令，3D打印设备根据数控指令完成成型制件或零件的加工。

（三）与工件复杂程度无关

3D打印技术由于以离散堆积原理为基础，采用分层制造工艺，将复杂的三维实体离散成一系列层片进行加工，并将加工层片叠加，大大简化了加工过程。它可以加工复杂的中空结构且不存在三维加工中刀具干涉的问题，理论上可以制造如图1-11所示的具有任意复杂形状的成型制件和零件。

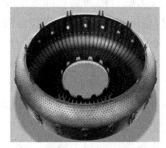  

图1-11　采用3D打印技术制造的工件

（四）高度柔性

3D打印技术是真正的数字化制造技术，仅需改变三维CAD模型，适当地调整和设置加工参数，即可实现不同类型零件的加工制作，特别适合新产品开发或单件小批量生产。并且3D打印技术在成型过程中无需专用的夹具或工具，成型过程具有极高的柔性，这是3D打印技术非常重要的一个技术特征。

（五）自动化程度高

3D打印是一种完全自动的成型过程，只需要在成型之初由操作者输入一些基本的工艺参数，整个成型过程操作者无需或较少干预。出现故障，设备会自动停止，发出警示并保留当前数据。完成成型过程时，机器会自动停止并显示相关结果。

三、3D打印技术的分类

近十几年来，随着全球市场一体化的形成，制造业的竞争逐渐激烈。尤其是计算机技术的迅速普及和 CAD、计算机辅助制造（computer aided manufacturing，CAM）技术的广泛应用，使得 3D 打印技术得到了异乎寻常的高速发展，表现出强劲的生命力和广阔的应用前景。3D 打印技术发展至今，已经有三十多种不同的成型方法，而且许多新的加工与制造方法仍然在不断涌现。典型 3D 打印技术的基本信息见表 1-1。

表 1-1　　　　　　　　　　典型 3D 打印技术的基本信息

技 术 类 型	使用材料	代表公司
熔融沉积成型（fused deposition modeling，FDM）技术	热塑性塑料、共熔金属、可食用材料	美国 Stratasys 公司
选择性激光烧结（selective laser sintering，SLS）技术	热塑性粉末、金属粉末、陶瓷粉末	德国 EOS GmbH 公司
光固化成型（stereo lithography appearance，SLA）技术	光敏聚合物	美国 3D Systems 公司
三维印刷（three-dimensional printer，3DP）技术	热塑性粉末、金属粉末、陶瓷粉末	美国 Z Corporation
数字光处理（digital light processing，DLP）技术	液态树脂	德国 Envision Tec 公司
多相喷射沉积（multiphase jetting deposition，MJD）技术	光敏树脂	以色列 Objet 公司
激光选区熔化（selective laser melting，SLM）技术	金属粉末	德国 EOS 公司
激光近净成型（laser engineered net shaping，LENS）技术	金属粉末	美国 Optomec Design 公司
电子束熔炼（electron beam melting，EBM）技术	钛合金	瑞典 ARCAM 公司

（一）按材料、成型特征分类

1. 丝材、线材熔化黏结技术

丝材、线材熔化黏结技术是原材料为丝状材料或线状材料，通过升温使其熔化并按照一定的路径堆积叠加出需要形状的技术。

2. 粉末烧结与黏结技术

粉末烧结与黏结技术是原材料为粉末状材料，通过激光烧结或用黏结剂将粉末颗粒黏结在一起形成形状的技术。

3. 液态聚合、固化技术

液态聚合、固化技术是原材料为液态材料，通过光能或热能使特殊的液态聚合物固化从而形成一定形状的技术。

4. 膜、板材层合技术

膜、板材层合技术是原材料为固态的膜或板材，利用塑料膜的光聚合作用将各层膜片黏结成型，或通过层层黏结，将薄片层板堆积成型的技术。

（二）按成型原理分类

目前，应用较为广泛的 3D 打印技术主要有 FDM 技术、SLS 技术、SLA 技术和 3DP 技术 4 种。尽管这些 3D 打印技术都基于同一原理，即先离散分层，再堆积叠加，但其设备结构、采用的原材料类型、成型的方法以及截面层与层之间的连接方式等是完全不同的。

1. FDM 技术

FDM 又称为熔丝沉积制造，其工艺过程是以热塑性材料丝丙烯腈-丁二烯-苯乙烯共

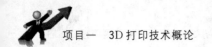

聚物（acylonitrile butadiene styrene，ABS）或聚乳酸（polylactide，PLA）为原料，材料丝在挤压头内受热熔化成液体后，由挤压头将熔融材料沿零件的截面轮廓挤出后冷却成型。

该工艺的特点是使用、维护简单，成本较低，速度快，一般复杂制件仅需要几个小时即可成型，且无污染。但由于稳定性对其成型效果影响非常大，因此制件的精度一般不高。

目前世界上具有较为领先 FDM 技术的是美国的 Stratasys 公司和 Dimension 公司，特别是其的工业级 FDM 设备，占据了市场的大多数份额。

2. SLS 技术

SLS 又称选区激光烧结、粉末材料选择性激光烧结等，常采用金属、陶瓷、ABS塑料等材料的粉末作为成形材料。其工艺过程是：在工作台上铺一层粉末材料，在计算机的控制下，激光束产生的热源对粉末材料进行选择性烧结（零件的空心部分未烧结，仍为粉末材料），片层中被烧结的部分即固化为实心部分；完成一层后烧结下一层，新的烧结层与上一层牢牢黏结在一起；全部烧结完成后，去除多余的粉末，便得到烧结成的零件。

该工艺的特点是材料适应面广，不仅能制造塑料零件，还能制造陶瓷、金属、蜡等材料的零件。造型精度高，成型制件强度远远优于其他 3D 打印技术，因此可用样件进行功能试验或装配模拟。

目前世界范围内进行 SLS 技术研究的主要是美国的 3D Systems 公司（前身属于DTM 公司，该公司于 2001 年被 3D Systems 公司收购）、德国的 EOS 公司以及中国的北京隆源自动成型系统有限公司（简称北京隆源公司）、湖南华曙高科技有限公司（简称华曙高科）。其中 3D Systems 公司的 SLS 设备在市场使用率上占据领先地位，而 EOS 公司在金属粉末烧结方面有着自己的特点。

3. SLA 技术

SLA 又称光造型、立体光刻及立体印刷，其工艺与 SLS 有相似之处，区别在于 SLA是以液态光敏树脂为材料，以紫外激光为辐照能源，使材料在室温下快速发生光聚合反应，从而完成材料的层层堆叠。

该工艺的特点是：成型制件精度高，零件强度和硬度好，可制出形状特别复杂的空心零件。SLA 技术的典型产品如图 1-12 所示。优点是生产的模型柔性化好，可随意拆装，是间接制模的理想方法。缺点是需要支撑，树脂收缩会导致精度下降，另外光固化树脂有一定的毒性，不符合绿色制造发展趋势等。

国外的工业级 SLA 设备以以色列的 Objet 公司为代表，设备技术都较为成熟，可以提供超过 123 种光敏材料，是目前支持材料最多的 3D 打印设备。同时，美国、日本、德国也都有各自具有特色且比较成熟的 SLA 技术。国内则以西安交通大学研发的设备较为成熟，现已开发出一整套 SLA 成型机，成型速度、零件精度都已接近国际先进技术。

4. 3DP 技术

3DP 又称为胶水固化喷印、三维粉末黏结，其成型原理类似于喷墨打印机的原理：首先在成型缸上均匀地铺上一层粉末，喷头按照指定路径将液态的粉末黏结剂喷涂在粉末层指定区域上；然后待黏结剂固化后，除去多余的粉末材料；最后获得需要的实体模型。

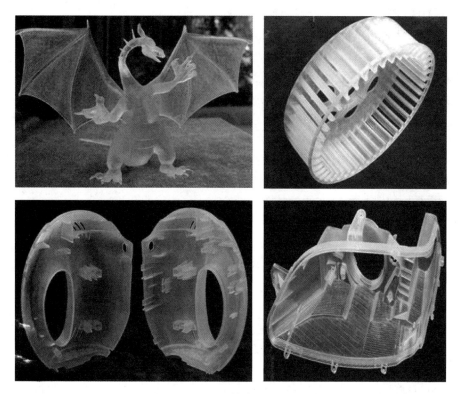

图 1-12　SLA 技术的典型产品

常采用陶瓷粉末、金属粉末、石膏粉末、热塑料粉末为材料。

　　该工艺的优势在于成型速度快、无需支撑结构，而且能够输出彩色打印产品，这是目前其他技术都难以实现的。其不足之处则在于：首先粉末黏结的制件强度并不高，只能作为测试原型；其次由于粉末黏结的工作原理，制件表面不如 SLA 技术制件光洁，精度也不高。因此为了生产出拥有足够强度的产品，还需要一系列的后续处理工序。此外，由于制造相关材料粉末的技术比较复杂，成本较高。

　　3D 照相馆所使用的技术就是以 3DP 技术为主，其打印出来的产品具备 CMYK 全彩专业级品质，打印产品最接近于成品的 3D 打印技术。目前采用 3DP 技术的厂商，主要是 3D Systems 公司、EX-ONE 公司等，以 ProJet CJP X60、VX 系列 3D 打印机为主，此类 3D 打印机能使用的材料比较多，包括石膏、塑料、陶瓷和金属等。

　　除了上述 4 种较为熟悉的 3D 打印技术外，还有许多 3D 打印技术也已经实用化，如多射流熔融（multi jet fusion，MJF）技术、聚合物喷射（PolyJet）技术、DLP 技术、MJD 技术等。

四、3D 打印技术的成型材料

　　成型材料一直是 3D 打印技术发展的核心问题，它对成型制件的成型精度、物理及化学性能、成型速度都有直接作用，同时也影响到成型制件的二次使用，及用户对系统和设备的选择。

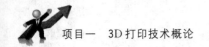

(一) 3D打印技术对成型材料的性能要求

(1) 能够快速精确地加工成型制件。

(2) 保证成型制件具有一定的力学性能及稳定性。用于3D打印技术直接制造功能件的材料要接近零件最终用途对强度、刚度、耐潮、热稳定性等的要求；对于概念性成型制件，要求打印速度快，对成型精度和物理化学特性要求不高。

(3) 满足成型制件具有一定尺寸精度和尺寸稳定性的要求。如果打印的是测试用制件，则其成型精度有严格的要求。

(4) 满足3D打印技术的特殊性能要求。如FDM技术要求选用可熔融的丝状材料；SLS技术、3DP技术要求粉末的颗粒要较小；SLA技术要求选用可光固化的液态树脂；LOM技术要求薄片层材料是易切割的。

(5) 有利于快速制模的后续处理。

总之，3D打印技术对成型材料的总体性能要求是，能够快速、精确地进行成型制件的加工与制造，同时使成型制件具有一定的力学性能及稳定性等特性，以便后续的工艺处理。

(二) 成型材料的分类

3D打印技术的成型材料一般是与工艺和设备配套使用的。因此，成型材料的分类与3D打印成型工艺、材料的物理化学状态等密切相关。

1. 按材料成型工艺分类

按材料成型工艺，3D打印技术的成型材料可分为FDM、SLS、SLA、3DP、LOM等技术的材料。

2. 按材料物理状态分类

按材料物理状态，3D打印技术的成型材料可分为丝状材料、粉末材料、液态材料、薄片材料等。

3. 按材料成型步骤分类

按材料成型步骤，3D打印技术的成型材料可分为直接成型材料和间接成型材料。其中直接成型材料包括聚合物（反应型聚合物、非反应型聚合物）、金属、砂、陶瓷等材料；间接成型材料包括金属基复合材料、陶瓷基复合材料、硅橡胶材料等。

4. 按材料化学性能分类

按材料化学性能，3D打印技术的成型材料可分为树脂类材料、橡胶材料、金属材料、陶瓷材料、复合材料以及食品材料等。

(1) 树脂类材料。在3D打印技术中采用较多的树脂类材料是工程塑料和光敏树脂材料。

工程塑料指被用作工业零件或外壳材料的工业用塑料，是强度、耐冲击性、耐热性、硬度及抗老化性均优的塑料。工程塑料是当前应用最广泛的一类成型材料，常见的有ABS类材料、聚碳酸酯（polycarbonate，PC）类材料、尼龙类材料等。

光敏树脂由聚合物单体与预聚体组成，其中加有光（紫外光）引发剂（或称为光敏剂）。在一定波长的紫外光（250~300nm）照射下能立刻引起聚合反应完成固化。光敏树脂一般为液态，可用于制作高强度、耐高温、防水材料。目前，研究用于3D打印的光敏材料的主要有美国 3D Systems 公司和以色列 Objet 公司。常见的光敏树脂有 Somos NeXt 材料、Somos11122 材料、Somos19120 材料和环氧树脂。

（2）橡胶类材料。橡胶类材料具备多种级别弹性材料的特征，这些材料所具备的硬度、断裂伸长率、抗撕裂强度和拉伸强度，使其非常适合于要求防滑或柔软表面的领域。3D 打印采用的橡胶类产品主要有消费类电子产品、医疗设备以及汽车内饰、轮胎、垫片等。

（3）金属类材料。近年来，3D 打印技术逐渐应用于实际产品的制造，其中，打印金属类材料的 3D 打印技术发展尤其迅速。目前，应用于 3D 打印的金属类粉末材料主要有钛合金、钴铬合金、不锈钢和铝合金材料等，此外还有用于打印首饰用的金、银等贵金属粉末材料。

（4）陶瓷类材料。3D 打印技术用的陶瓷粉末是陶瓷粉末和某一种黏结剂粉末所组成的混合物。由于黏结剂粉末的熔点较低，激光烧结时只是将黏结剂粉末熔化而使陶瓷粉末黏结在一起。在激光烧结之后，需要将陶瓷制品放入温冷炉中，在较高的温度下进行后处理。

（5）其他成型材料。除了上面介绍的几种 3D 打印材料外，目前用到的还有彩色石膏、人造骨粉、细胞生物原料以及砂糖等材料。

课后习题

1. 相对于传统制造技术，3D 打印技术有哪些优点？
2. 如何理解"分层制造，逐层叠加"？

任务三　3D 打印技术的应用领域

学习目标

1. 了解 3D 打印技术的应用领域。
2. 能够利用网络等资源收集关于 3D 打印技术的典型案例。

任务描述

随着工业社会的快速发展，3D 打印技术以其高度的适配性覆盖了人们的吃、穿、住、行，成为满足工业制造乃至日常生活需求的一种重要途径。并且，随着这一技术本身的高速发展，其应用领域也在不断被扩展。通过老师讲解、查阅网络资料等途径了解 3D 打印技术应用于哪些领域，制作一个简短的 PPT 汇报课件向同学们介绍。

知识平台

不断提高 3D 打印技术的应用水平是推动 3D 打印技术发展的重要方面。目前，3D 打

印技术已在工业造型、机械制造、航空航天、军事、建筑、影视、家电、轻工、医学、考古、文化艺术、雕刻、首饰等领域都得到了广泛应用，并且随着这一技术本身的发展，其应用领域将不断拓展。

一、机械制造领域

3D打印技术与传统机械制造技术相比，具有制造成本低、研制周期短、材料利用率高、生产效率高、产品质量精度高等明显优势，非常适合各种模具及零配件的研发及生产。目前，3D打印技术在机械制造领域已经得到广泛的研究和应用。

（一）模具制造

3D打印技术的应用，可以做到产品设计和模具生产并行。一般产品从设计到模具验收需要一段相当长的时间。按照传统的设计手段，只有在模具验收合格后才能进行整机的装配以及各种验收。对于在试验中发现的设计不合理之处，需要再对相应的模具进行修改。这样就会在设计与制造过程中造成大量重复性的工作，使模具的制造周期加长，最终导致修改时间占整个制作时间的 20%～30%。应用 3D打印技术之后，模具制造的这段时间被充分利用起来，制件的整机装配和各种试验可随时与模具制造环节进行信息交流，力争做到模具一次性通过验收，这样模具制造与整机试验评价并行工作，大大加快了产品的开发进度，迅速完成从设计到投产的转换，传统制造工艺与 3D打印工艺的比较如图 1-13 所示。

另外，3D打印技术对于模具的设计与制造过程有着明显的指导作用。对于具体产品来说，模具制造时间可以大大缩短，模具制造的质量可以得到提高，相应的产品最终质量也可以得到保障。以 3D打印生成的实体模作为模芯或模套，结合精铸、粉末烧结或电极研磨技术可以快速制造企业所需要的功能模具或工装设备。其制造周期一般为传统数控切削方法的 1/10～1/5，而成本仅为其 1/5～1/3，且模具的几何复杂程度越高，这种效益越显著。例如，图 1-14 所示的工业常用六缸发动机缸盖模具采用传统砂型铸造工装模具设计制造周期长达 5 个月，3D打印技术只需一周便可制成。

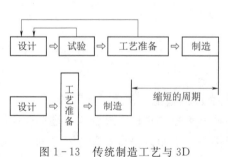

图 1-13　传统制造工艺与 3D
打印工艺的比较

图 1-14　六缸发动机缸盖模具

（二）汽车制造

传统机械制造业在生产各种零部件之前，需先进行零件模具的开发，其开发周期一般在 45 天以上，而 3D打印技术可以在不使用任何刀具、模具、工装夹具的情况下，快速实现零部件的生产。根据零件复杂程度，需 1～7 天。

　　尽管汽车的座椅、轮胎等的可更换部件仍以传统方式制造，但用3D打印技术制造这些零件的计划已经提上日程。目前，美国福特汽车公司已采用3D打印技术生产出混合动力车内的转子、阻尼器外壳和变速器等零部件，并正式投入使用。英国金斯顿大学的电动汽车赛车队甚至使用3D打印技术制造出赛车零部件（图1-15），大大降低了汽车总重量。经过测试发现，该技术制备的部件不仅可以承受高速运动环境和赛车的高温环境，在紧急情况下它们还能承受按钮的大力冲击。

图1-15　3D打印技术制造的赛车零部件

　　我国也已经有汽车零部件企业通过3D打印技术制作缸体、缸盖、变速器齿轮等汽车零部件作为研发使用（图1-16）。但是由于受到打印材料的限制，3D打印技术在汽车零部件上的应用仅限于新产品或关键零部件样机成型原理、可行性方面的验证，要实现传统铸造技术的大批量、规模化生产还不太现实。在不久的将来，若能将3D打印技术的个性化、复杂化特点与传统制造业的规模化、批量化相结合，与信息技术、材料技术相结合，一定会实现3D打印技术的创新发展。

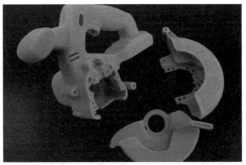

图1-16　3D打印技术制造的汽车零部件

（三）家电行业

　　目前，3D打印技术在国内家电行业得到了很大程度的普及与应用，许多家电企业走在了国内前列，都先后采用3D打印技术来开发新产品，并收到了很好的效果。3D打印技术的应用很广泛，可以相信，随着3D打印制造技术的不断成熟和完善，它将会在越来

越多的领域得到推广和应用。

3D打印技术打印出的小型发动机零件如图1-17所示。3D打印技术在家电行业的应用如图1-18所示。

图1-17 3D打印技术打印出的小型发动机零件

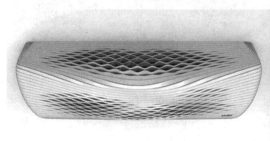

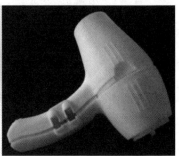

（a） 海尔公司制作的全球首台3D打印空调　　　（b） 吹风筒模型

图1-18 3D打印技术在家电行业的应用

二、医学领域

近年来，3D打印技术在医学领域的应用研究越来越多。以医学影像数据为基础，利用3D打印技术制作人体器官模型，对外科手术有极大的应用价值。

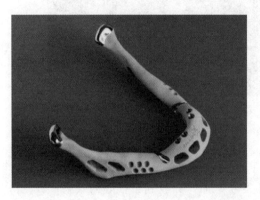

图1-19 使用生物材料制作的人体器官修复体

外科学是最早应用3D打印技术的医学领域，特别是骨外科、颌面外科、整形外科等的临床实践。利用3D打印技术可以加工出内、外部三维结构仿真性极高的生物模型。使用生物材料制作的人体器官修复体如图1-19所示，其线尺寸误差小于0.05mm，总体误差不超过0.1%，这样的精度完全可以满足外科手术的需要并且克服了生理解剖标本制作难度及道德伦理方面的困扰。面对现代手术模式改良迅速及原发病损原理复杂等挑战，借助 3D 打印技术加工出患者术区解剖结构模型，外科医生可以更直观地了解手术状况并结合模型具体讨论复杂特殊病例、制定更合理的手术方案。

通过 3D 打印技术，还可以在模型上试行手术，以预演术中可能会遇到的情况，比较不同手术方式的优劣，同时也可给年轻医生提供演示或操作训练的机会。对于正颌外科及整形外科手术则更可以通过对术前及术后形态的比较，预测评估患者的术后效果。借助 3D 打印模型也可使医生更容易对患者讲解手术的相关细节，加强医生和患者间的沟通，便于患者对手术形成直观的认识而更积极地配合手术。还可以收集管理一些特殊病例的模型作为重要标本资料供日后类似病例参考。正因为 3D 打印技术的以上优势使得该项技术几乎可用于外科各个分支。3D 打印技术在骨外科的应用如图 1-20 所示。图 1-20 为 3D 打印技术在膝关节畸形模拟截骨中的应用，可大大提高手术精度与直观性。

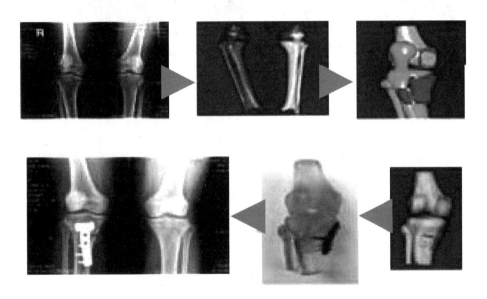

图 1-20　3D 打印技术在骨外科的应用

3D 打印技术在肿瘤科的应用如图 1-21 所示。图 1-21 采用 3D 打印技术精确设计半骨盆假体，帮助分析、治疗累及髋关节的骨肿瘤。

三、航空航天领域

近年来，3D 打印技术已广泛应用于国内外的航空航天领域，尤其是在大尺寸零件一体化制造、异型复杂结构件制造、变批量定制结构件制造等方面具有明显优势。3D 打印技术之所以成为航空航天应用热点，其优势主要体现在以下几方面：

（1）航空航天装备的关键零部件通常具有较复杂的外形和内部结构，而 3D 打印技术具有加工过程不受零件复杂程度约束的特点，能够完成传统制造工艺（如铸造、锻造等）难以胜任的加工任务。

（2）航空航天装备的零部件由于工作环境的特殊性通常对材料的性能和成分有严格甚

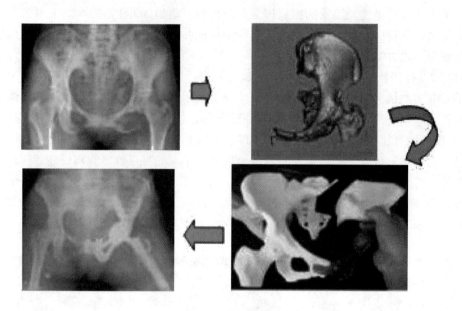

图 1-21 3D打印技术在肿瘤科的应用

至苛刻的要求，大量使用各种高性能、难以加工的材料，而 3D 打印技术可以方便地加工高熔点、高硬度的高温合金、钛合金等难以加工的材料。

（3）3D 打印加工过程的材料利用率很高，可以节省制造航空航天装备零部件所需的昂贵原材料，显著降低制造成本。

（4）3D 打印加工过程速度快，成型后的制件仅需少量后续加工，可以显著缩短零部件的生产周期，满足对航空航天产品快速响应的要求。

（5）金属零件直接成型时的快速凝固特征可提高零件的机械性能和耐腐蚀性，与传统制造工艺相比，成型制件可在不损失塑性的情况下使强度得到较大提高。

（6）成型过程无需专用模具、工具和夹具，CAM 赋予了 3D 打印良好的设计灵活性和加工柔性，可实现一体化设计与制造，达到减重的效果。

（7）3D 打印技术能够实现单一零件中材料成分的实时连续变化，使零件的不同部位具有不同成分和性能，是制造异质材料（如功能梯度材料、复合材料等）的最佳技术。

鉴于以上特点，金属 3D 打印技术在航空航天领域成为了研究热点。目前，国外企业和研究机构利用 3D 打印技术不仅打印出了飞机、导弹、卫星的零部件，还打印出了发动机、无人机整机等，在生产成本、周期、质量等方面取得了显著效益。

总体而言，3D 打印技术在航空航天领域主要有两大应用：①制作单件小批量最终产品，如 GE 公司生产的发动机燃油喷嘴；②打印模型或手板，用于设计验证、模拟装配或用作生产制造的原型。

在制作最终产品上，欧洲的空中客车公司（Airbus）采用 3D 打印技术生产了超过 1000 个飞机零件，并将其用于 A350 XWB 飞机上，取代传统工艺制造的零件，以缩短生产周期，降低生产成本，保证空中客车公司能够按期交付产品。2018 年，美国 GE 公司采用 3D 打印技术生产完成了第 30000 个航空发动机燃油喷嘴，实现了 3D 打印技术终端产品的批量生产。法国泰雷兹阿莱尼亚宇航公司（Thales Alenia Space）使用金属3D打印技术为韩国通信卫星Koreasat5A和Koreasat7制造出了天线支架，并成功通过了泰雷兹公司进行的动态测试。该支架的尺寸为450mm×205mm×390mm，但重量仅为1.13kg，这两家公司称之为"巨大的轻量级部件"。中国航天科技集团公司一院211厂利用激光同步送粉3D打印技术成功实现了"长征五号"火箭钛合金芯级捆绑支座试验件的快速研制，这是激光同步送粉3D打印技术首次在大型主承力部段关键构件上的应用。

2008年珠海航展上展出的空军某型250kg级制导炸弹弹翼组件如图1-22所示。该弹是在现有的老式航弹弹体上加装弹翼组件后改装完成的。展出的弹体为常规航空炸弹，另外还有弹翼组件，采用了激光打印成型全尺寸制作完成。整个组件在10天内即全部完成，其中立体光固化成型制作时间7天，表面处理时间3天，为模型及时参与航展提供了有效保障。

图1-22　制导炸弹弹翼组件

美国通用公司的全尺寸航空发动机模型如图1-24所示，其所有零部件均由SLA技术实现。制作过程中甚至可在外壳上特别设计出可打开的剖面机构，以充分展示其内部结构，利于进行产品内部组件的展示和功能讲解。波音公司使用FDM技术为美国国防部高级研究计划局（defense advanced research projects agency，DARPA)/美国空军/美国海军联合无人战斗空中系统（J-UCAS）项目制造的无人飞机——Phantom Ray，该飞机翼展为50ft❶，长为36ft。无人飞机——Phantom Ray如图1-25所示。

四、文化艺术领域

在文化艺术领域，3D打印技术多用于艺术创作、文物复制、数字雕塑等。虽然3D打印技术在近几年才逐步成为公众关注的焦点，但是其用于文物的复制和修复却是很早就开始了。传统的文物复制只能靠翻模，对文物总会有污损，如今依靠3D打印技术，类似的问题便可迎刃而解了。采用3D打印技术复制的天龙山石窟佛像如图1-23所示，可以发现使用该技术得到的文物误差一般小于$2\mu m$，只有通过特殊的仪器才能被分辨出来。将复制得到的制品代替真实文物放于博物馆中展览，既可展示文物风采，又可防止人为拍照、触摸以及氧气环境、不适的空气湿度对文物的损坏。

此外，各种影视作品中虚拟的人设或复杂的道具若使用传统加工技术不仅耗时，而且从制品质量上也较难满足要求。因此越来越多的电影也开始使用3D打印机制造道具。《钢铁侠2》中使用3D打印技术为男主角制造的贴身盔甲如图1-24（a）所示。运用3D打印技术制作的动漫《超能陆战队》道具如图1-24（b）所示。

---

❶　1英尺（ft）＝0.3048米（m）

（a）佛像真品   （b）3D打印复制品

图1-23 采用3D打印技术复制的天龙山石窟佛像

（a）在电影道具上的应用   （b）在动漫制作上的应用

图1-24 3D打印技术在文化艺术领域的应用

任务四 3D打印技术的发展趋势

 学习目标

1. 了解3D打印技术所面临的问题。
2. 了解3D打印技术的发展趋势。

任务描述

3D打印技术的优势显而易见，其在各个领域的发展势头也不可阻挡。但3D打印技术仍存在技术上的局限性，其应用领域的拓展也远未到达尽头。它将来会向什么方向发展呢？请同学们结合所学的知识，查阅相关的资料，展望3D打印技术的发展趋势。

知识平台

3D打印技术是当今世界上发展最快的制造技术，已由最初的发展期步入成熟期。近年来虽然3D打印新工艺、新装备的发展速度有所减缓，但其仍是最活跃的领域之一。部分国产3D打印设备已接近或达到国际同类产品的水平，价格却便宜很多，材料的价格也更加合理，这充分说明我国已初步形成了3D打印设备和材料的制造体系。近年来，在国家科学技术部的支持下，我国已在深圳、天津、上海、西安、南京、重庆等地建立一批向企业提供3D打印技术的服务机构。目前，这些技术服务机构已经开始发挥其积极作用，极大地推动了3D打印技术在我国的广泛应用，使我国高新技术的发展走上了专业化、市场化的轨道，为国民经济的发展做出了贡献。

一、3D打印技术面临的问题

目前3D打印技术还面临着许多问题，而这些问题大多来自技术本身的发展水平，其中最突出的表现在工艺问题、材料问题、精度问题、软件问题、能源问题、应用领域问题几个方面。

（一）工艺问题

3D打印的基础是分层叠加原理。用什么材料进行分层叠加以及如何进行分层叠加具有极大研究空间。因此，除了上述常见的分层叠加成形法之外，研究、开发一些新的分层叠加成形法，以便进一步改善制件的性能，提高成形精度和成形效率非常有必要。

（二）材料问题

材料问题一直是3D打印技术的核心问题，相对国外来说，我国所提供的材料还是比较单一，与国外提供的材料品种及其性能相比，还有一定的差距。发展全新的3D打印材料，特别是复合材料，例如纳米材料、非均质材料及其他方法难以制作的材料等仍是努力的方向。

（三）精度问题

目前，3D打印技术制备的零件精度一般处于±0.1mm的水平。3D打印技术的基本原理决定了该工艺难于达到传统机械加工所具有的表面质量和精度指标。但是把3D打印的基本成形思想与传统机械加工方法结合，优势互补，可以改善打印精度。

（四）软件问题

目前，3D打印技术使用的分层切片算法都是基于STL文件格式进行转换的，就是用一系列三角网格来近似表示CAD模型的数据文件，而这种数据表示方法存在不少缺陷，如三角网格会出现一些空隙而造成数据丢失；由于平面分层所造成的台阶效应降低了零件表面质量和成形精度。目前，应着力开发新的模型切片方法，如基于特征的模型直接切片法、曲面分层法，即不进行 STL 格式文件转换，直接对 CAD 模型进行切片处理，得到模型的各个截面轮廓，或利用逆向工程得到的逐层切片数据直接驱动打印系统，从而减少三角面近似产生的误差，提高成形精度和速度。

（五）能源问题

当前 3D 打印技术所涉及的能源有光能、热能、化学能、机械能等。在能源密度、能源控制的精细性、成型加工质量等方面均需进一步提高。

（六）应用领域问题

目前 3D 打印技术的应用领域主要在新产品开发方面，旨在缩短开发周期，尽快取得市场反馈的效果。

由于 3D 打印技术的巨大吸引力，不仅工业界对其十分重视，许多其他行业也纷纷致力于它的应用和推广。在其技术向更高精度与更优材质性能方面取得进展后，可以考虑加入生物医学、考古、文物、艺术设计、建筑成型等多个领域的应用，形成高效率、高质量、高精度的复制工艺体系。目前 3D 打印技术在各领域的应用情况如图 1-25 所示。

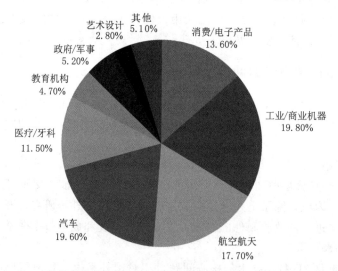

图 1-25　3D 打印技术在各领域的应用情况（来源：Wohlers 报告 2019）

二、3D 打印技术的发展方向

（一）金属零件、功能梯度零件的直接快速成型制造技术

目前的 3D 打印技术主要用于制作非金属样件，由于其强度等机械性能较差，远远不能满足工程实际需求，因此其工程化实际应用受到较大限制。探索实现金属零件直接快速制造的方法一直是 3D 打印技术的研究热点，国外著名的 3D 打印技术公司均在进行金属零件的 3D 打印技术研究。可见，探索直接制造满足工程使用条件金属零件的 3D 打印技术，将有助于 3D 打印技术向快速制造技术的转变，能极大地拓展其应用领域。此外，利用逐层制造的优点，探索制造具有功能梯度、特殊复杂结构以及综合性能优良的零件，也是一个新的发展方向。

（二）概念创新与工艺改进

目前，3D打印技术的成型精度为0.01mm，表面光滑度还较差，有待进一步提高。最主要的问题是成型制件的强度和韧性还不能完全满足工程的实际需要，因此完善现有3D打印工艺与设备，提高零件的成型精度、强度和韧性，降低设备运行成本十分迫切。此外，3D打印技术与传统制造技术相结合，形成产品快速开发—制造系统也是一个重要趋势，如3D打印技术结合精密铸造，可快速制造高质量的金属零件。另外，许多新的3D打印工艺也正处于开发研究之中。

（三）优化数据处理技术

3D打印数据处理技术主要包括将三维CAD模型转存为STL格式文件和利用专用3D打印软件进行平面切片分层等。STL格式文件的固有缺陷会造成零件精度降低；此外平面分层所造成的台阶效应，也降低了零件表面质量和成型精度。优化数据处理技术可提高成型精度和表面质量。目前正在开发新的模型切片方法，如基于特征的模型直接切片法、曲面分层法。

（四）开发专用3D打印设备

不同行业、不同应用场合对3D打印设备有一定的共性要求，也有较大的个性要求。如受医院环境和工作条件的限制，外科大夫希望设备体积小、噪声小，因此开发专门针对医院使用的便携式3D打印设备将非常有市场潜力。汽车行业的大型覆盖件尺寸多在1m以上，因此研制大型的3D打印设备也很有必要。

（五）成型材料系列化、标准化

目前3D打印材料大部分由各设备制造商单独提供，不同厂家的材料通用性很差，而且材料成型性能也不十分理想，阻碍了3D打印技术的发展。因此，开发性能优良的专用3D打印材料，并使其系列化、标准化，将极大地促进3D打印技术的发展。

（六）拓展新的应用领域

3D打印技术的应用范围正在逐渐扩大，这也促进了3D打印技术的发展。目前3D打印技术在医学、医疗领域的应用，正在引起人们的极大关注，许多科研人员也正在进行相关的技术研究。此外，3D打印技术结合逆向（反求）工程，实现古陶瓷、古文物的复制，也是一个新的应用领域。

项目二 典型的 3D 打印技术

项目引入

与传统加工制造方法不同，3D 打印技术通过将三维数据模型分层离散，再用特殊的加工技术如熔融、烧结、黏结等，将特定材料进行逐层堆积，最终形成 3D 实体模型或产品，因此也被称为增材制造（addition manufacturing，AM）或分层制造技术（layered manufacturing technology，LMT）。由于 3D 打印技术是把复杂的三维制造转化为一系列二维轮廓的叠加，因此它无需借助任何模具和工具，可直接生成具有任意复杂曲面的零部件或产品，从而极大地提高了生产效率和制造柔性。

目前比较成熟的 3D 打印技术和相应系统已有十多种，其中较为成熟的技术有 FDM 技术、SLA 技术、SLS 技术、SLM 技术、3DP 技术等。尽管这些成型系统的结构和采用的原材料有所不同，但它们都是基于先离散分层，再堆积叠加的成型原理，即将一层层的二维轮廓逐步叠加成三维实体。其具体差别主要在于二维轮廓制作采用的原材料类型、成型的方法以及截面层与层之间的连接方式等。

任务一　FDM　技　术

学习目标

1. 熟悉 FDM 技术的工作原理。
2. 熟悉 FDM 技术的工艺特点。
3. 了解和认知 FDM 技术的成型材料及设备。
4. 了解 FDM 技术的应用情况。

任务描述

本任务要求学生对 FDM 技术具有整体的认知，通过老师讲解、观看视频等形式，掌握 FDM 技术的基本原理、技术特点、使用材料，了解目前市面上典型的厂家和设备，熟悉 FDM 技术市场发展、FDM 技术应用领域。

一、FDM 技术原理

FDM 技术，又称熔丝堆积成型技术、熔融挤出成型技术，FDM 技术成型原理如图 2-1 所示。在三维模型的驱动下，喷头根据产品零件的截面轮廓信息作 X-Y 平面运动，供丝机构将丝料送至喷头，并将其加热融化成半液态，经喷头挤出后，有选择性地涂覆在工作台上。涂覆后的丝料迅速冷却固化后形成一层截面实体。片层成型后，工作台下降一个截面层高度，喷头再进行下一层的涂覆，如此循环，直到最终形成三维产品零件。

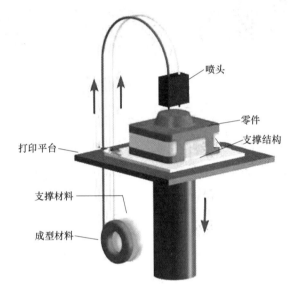

图 2-1 FDM 技术成型原理

成型过程中，每一个截面层都是在上一层上堆积而成的，上一层对当前层起到定位和支撑作用。当成型截面形状发生较大变化时，上一层轮廓无法为当前层提供足够的定位和支撑作用，这就需要添加辅助结构，即支撑结构，为后续层提供定位和支撑，以保证成型过程顺利完成。一般而言，FDM 技术过程均需制作支撑。为节省材料成本和提高沉积效率，新型的 FDM 设备采用了双喷头结构。其中：一个喷头用于沉积成型材料；另一个喷头用于沉积支撑材料。此外，双喷头还可以灵活地选择具有特殊性能的支撑材料，以便后处理过程中支撑材料的去除，如水溶性材料、低于成型材料熔点的热熔性材料等。

二、FDM 技术特点

（一）FDM 技术优点

1. 成本相对较低

FDM 技术无需激光器等贵重元器件，因此相比其他使用激光器的快速成型技术，其制作费用相对较低；此外，成型材料也多为 ABS、PC 等常用工程塑料，成本也较低。

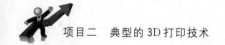
2. 成型材料广泛

FDM 技术所用材料多种多样，主要有 ABS、石蜡、人造橡胶、聚酯热塑性塑料等低熔点材料，以及低熔点金属、陶瓷、碳纤维等的丝料。ABS 材料可染色，可直接制作出彩色的模型制件，FDM 彩色成型材料如图 2-2 所示。

图 2-2 FDM 彩色成型材料

3. 后处理工艺简单

支撑结构容易剥离，特别是制件的翘曲变形较小，成型制件经简单的支撑剥离后即可投入使用，目前出现的水溶性支撑材料使得支撑结构更易剥离。

此外，FDM 技术还有以下优点：能成型任意复杂外形曲面的模型制件，常常用于成型具有很复杂内腔结构的零件；由于 ABS 材料具有较好的化学稳定性，能采用 γ 射线进行消毒，因此特别适合用于制作医用模型。

4. 设备、材料体积小，环境友好程度高

FDM 技术的 3D 打印机设备、耗材体积较小，适合办公环境。且在整个打印过程中，只涉及热塑耗材的熔融和凝固，一般在封闭的室内进行，不涉及高温、高压，无有毒物质排放，无粉尘污染，环境友好程度较高。

（二）FDM 技术缺点

1. 成型精度低

与其他工艺相比，FDM 技术成型制件表面存在明显的阶梯效应。FDM 成型制件粗糙的表面如图 2-3 所示，U 盘外壳呈现一层层明显的条纹状。因此，需配合后续抛光处理，目前不适合高精度的应用。

图 2-3 FDM 成型制件粗糙的表面

2. 成型速度较慢

FDM 技术的喷头运动是机械运动，成型过程中速度受到一定的限制，因此一般成型时间较长，只适合制作中、小型成型制件。另外，FDM 技术需设计、制作支撑结构，并且需对整个轮廓截面进行扫描和铺覆，因此成型时间较长。为尽量避免这一缺点，可采用双喷头同时铺覆的方法来提高成

型速度和成型效率。

三、FDM 技术材料及设备

使用材料及设备是 FDM 技术发展的核心与关键部分，它与成型制件的成型速度、成型精度、物理化学性能及应用均息息相关。

（一）FDM 技术材料

FDM 技术的使用材料包括成型材料和支撑材料两种。一般的热塑性材料进行适当改性后都可作为 FDM 技术的成型材料。高熔点的金属粉末、陶瓷粉末、玻璃纤维、碳纤维等与低熔点的蜡或塑料熔融丝混合可作为多相成型材料。目前，成型材料主要指单相成型材料，一般为 ABS、石蜡、尼龙、PC 和聚苯砜（polyphenysulfone，PPSF）等。多相材料成型目前仍处于实验室阶段，尚无投入实际生产的商品化设备。支撑材料有两个类型：一种是剥离性支撑，是需要从零件表面手动剥离的支撑；另一种是水溶性支撑，它可以溶解于碱性水溶液。对 Stratasys 公司几种常用材料进行分析，其常用 FDM 技术材料的基本信息见表 2－1。

表 2－1　　　　Stratasys 公司几种常用 FDM 技术材料的基本信息

材料	抗拉强度/MPa	抗弯强度/MPa	冲击韧度/(J/m²)	延伸率/%	玻璃化温度/℃	使 用 范 围
ABSplus	36	52	96	4	108	多彩概念模型
ABSi	37	62	96.4	4.4	116	汽车尾灯等透明模型
PC10	68	104	53	5	161	功能性原型、工具以及最终用途零件，如汽车零件等
PC－ABS	30	41	235	2	125	高强度部件，玩具及电子产业
PC－ISO	57	90	86	4	161	食品包装、医疗器械
PPSF	55	110	58.7	3	230	汽车发动机罩原型、可灭菌医疗器械、内部高要求应用工具
ULTEM 9085	71.6	115.1	106	6	186	航空航天、汽车等应用产品，如飞机内部组件和管道系统

由表 2－1 可知，Stratasys 公司的成型材料品种较多，综合性能较好，但产品的价格过高。相对而言，国内材料比较单一（一般提供 ABS 和 PLA 材料）且性能与国外材料也有一定的差距。因此，材料的开发仍是促进 FDM 技术发展的关键性问题。

（二）国内外 FDM 技术设备

Scott Crump 在 1988 年提出了熔融沉积的思想，并于 1991 年开发出第一台商业机型。FDM 技术中以美国 Stratasys 公司开发的 FDM 制造系统应用最为广泛。该公司自 1993 年开发出第一台 FDM1650 机型后，先后推出了 FDM2000、FDM3000、FDM8000 机型，1998 年又推出了 FDM Quantum 机型。

随着 FDM 技术的更新换代，Stratasys 公司先后推出了 Mojo 系列、Uprint 系列、

27

Dimension 系列、Fortus 系列、Makerbot 系列等多个系列多款 FDM 打印机。其中概念型 uPrint SE 系列适用于任何办公环境，减少开发时间；设计型 Dimension 系列可制备出具有更出色结构和表面效果的产品；工业型 Fortus 系列可匹配改性特种塑料，制备测试样件。Stratasys 公司生产的适用不同使用环境的 FDM 打印机如图 2-4 所示。在成型软件方面，Stratasys 公司研发出针对 FDM 系统的 QuickSlice 6.0 的软件包和针对 Genisys 系统的 AutoGen 3.0 软件包，并采用触摸屏，使操作更加直观简便。另外，还有适合个人、家庭及工作室使用的 Mojo 个人打印机，成型尺寸仅为 127mm×127mm×127mm。

（a）概念型uPrint SE Plus （b）设计型Dimension 1200es （c）工业型Fortus 900mc

图 2-4 Stratasys 公司生产的适用不同使用环境的 FDM 打印机

国内方面，清华大学、西安交通大学等很早就开始了对 FDM 技术的研究，同时也涌现出了多家将 3D 打印技术商业化的企业，但该技术在我国目前基本停留在桌面 FDM 设备的范畴。目前国内外 FDM 技术典型厂商及设备见表 2-2。

表 2-2 国内外 FDM 技术典型厂商及设备

区 域	典 型 厂 商	典 型 设 备
国外	美国 Stratasys 公司	Fortus 400mc
国内	北京太尔时代科技有限公司	UP Plus 2/UP BOX＋
	北京汇天威科技有限公司	弘瑞 Z500
	深圳市极光尔沃科技股份有限公司	Z603S
	深圳市同创三维科技有限公司	T4S
	北京紫晶立方科技有限公司	Prusa i3、Storm
	珠海西通电子有限公司	Formaker
	深圳维示泰克技术有限公司	C-Box

四、FDM 技术应用

FDM 技术比较适合家用电器、办公用品、模具行业新产品的开发，以及用于医学、医疗、大地测量、考古等基于数字成像技术的三维实体模型制造。该技术无需激光系统，因而价格低廉，运行费用低且可靠性高。

从目前出现的打印工艺方法来看，FDM 技术在医学领域的应用尤其具有独特的优势。Stratasys 公司在 1998 年与 MedModeler 公司合作开发了专用于医学领域的 MedModeler 机型，使用 ABS 材料；并于 1999 年推出可使用聚酯热塑性塑料的 Genisys 改进机型 Genisys Xs。2014 年 5 月，Stratasys 公司制作的蜡材牙冠、牙桥和牙框架，不仅表面光洁度非常高，并且不会出现收缩、开裂等现象。FDM 技术在牙科上的应用实例如图 2-5 所示。

采用 FDM 技术还可以进行玩具的开发、个性化玩具的定制。德国化学家 Stefan Kneip 就以 PLA 为原料，制备出了一款非常

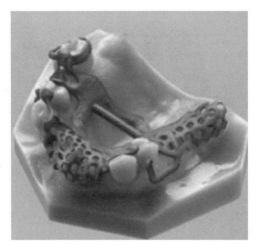

图 2-5　FDM 技术在牙科上的应用实例

未来范的玩具——"反重力器"[图 2-6（a）]，通过对 CAD 文件做一些必要的修改，完成整个玩具所有部件的打印仅需数小时。个性化定制的玩具车模型如图 2-6（b）所示。

（a）以 PLA 为原料制作的"反重力器"　　　　　　　（b）玩具车模型

图 2-6　FDM 技术在玩具开发上的应用

工业制造也是 FDM 技术的一大应用领域。均采用 FDM 技术制作的零部件如图 2-7 所示，该类样品不仅具有丰富的色彩，而且采用了整体成型方式从而避免了配件的组装工序。此外，海尔公司在其工业 4.0 战略中也提出采用 FDM 技术制备免清洗洗衣机。从表 2-3 可以看出，FDM 技术制造免清洗洗衣机的成本和周期是具有明显的优势和市场竞争力的。FDM 技术制作的零部件如图 2-7 所示。

表 2-3　　　　　　　FDM 技术与传统成型技术制备免清洗洗衣机对比

	制造速度/天	开发成本/万元	改动次数/次	改动成本/万元
传统制造技术	90	1000	9	＞100
FDM 技术	12	20	0	0

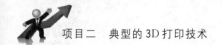

(a) 行星齿轮　　　　　　(b) 螺纹罐　　　　　　(c) 汽车减震器

图 2-7　FDM 技术制作的零部件

 课后习题

1. 简述 FDM 技术的成型原理。
2. FDM 技术的成型材料有哪些?
3. 查找网络资料,了解 FDM 技术还有哪些应用?

任务二　SLA　技　术

 学习目标

1. 掌握 SLA 技术的工作原理及特点。
2. 认识并掌握 SLA 技术的成型材料及设备。
3. 了解 SLA 技术在工业上的应用。

 任务描述

通过老师讲解、观看视频或现场考察等掌握什么是光固化成型技术。通过师生互动、分组讨论进一步了解该技术独有的特点、成型材料、设备及应用领域。

 知识平台

一、SLA 技术原理

SLA 技术又被称为立体光刻成型技术,其技术原理如图 2-8 所示。液槽中盛满液态光敏树脂,氦-镉激光器或氩离子激光器发出的紫外激光束,在控制系统的控制下按零件的各分层截面信息在光敏树脂表面进行逐层扫描,使被扫描区域的树脂薄层产生光聚合反应而固化,形成零件的一个薄层。一层固化完毕后,工作台下移一个层厚的距离,以便在固化好的树脂表面再敷上一层新的液态树脂，刮板将黏度较大的树脂液面刮平，然后进行下一层的扫描加工。新固化的一层牢固地黏结在前一层上，如此重复直至整个零件制造完毕，得到一个三维实体原型。当实体原型完成后，首先将实体取出，并将多余的树脂排净。之后去掉支撑，进行清洗，然后再将实体原型放在紫外激光下整体后固化。

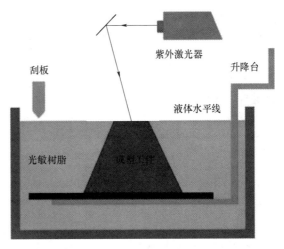

图 2-8 SLA 技术原理

因为树脂材料的高黏性，在每层固化之后，液面很难在短时间内迅速流平，这将会影响实体的精度。采用刮板刮切后，所需数量的树脂便会被均匀地涂覆在上一叠层上，这样经过激光固化后可以得到较好的精度，使产品表面更加光滑和平整；并且可以解决残留在模型表面树脂的问题。

二、SLA 技术特点

（一）SLA 技术优点

SLA 技术具有与其他 3D 打印技术共有的优势，即能简便快捷地加工制造出各种系统加工方法难以加工制作的复杂三维实体模型。由于成型材料为液态材料，该技术具有其独特之处。SLA 技术的优点如下：

1. 尺寸精度高、表面质量较好

虽然在每层固化时侧面及曲面可能出现台阶，但在成型制件的上表面仍可得到玻璃状的效果。SLA 技术制件的尺寸精度高，可以达到±0.1mm，有时甚至可达到 0.05mm。

2. 技术成熟程度高

SLA 技术是最早出现的快速成型工艺，成熟程度高。

3. 可成型复杂件

SLA 技术可以直接制作面向熔模精密铸造的具有中空结构的消失模。SLA 技术是目前手板应用最成熟、最广泛的技术。

（二）SLA 技术缺点

1. 设备运转及维护成本较高

液态树脂材料和激光器的价格都比较高，并且激光器等光学元件需要进行定期的校对和维护，且维护与保养的费用较高。

2. 工作环境要求高

液态树脂材料具有气味和毒性，平时存放需要避光保护，以防止其提前发生聚合反应。

3. 成型制件外形尺寸稳定性较差，不便进行机械加工

成型过程中伴随的一些物理变化和化学变化会导致成型制件较软、薄的部位易产生翘

曲变形，这将极大地影响成型制件的整体尺寸精度。且液态树脂材料的性能不如常用的工业塑料，它较脆且容易断裂，一般不便进行机械加工。

4．后处理工艺复杂

在大多数情况下，经 SLA 成型系统固化后的树脂制件还并未被完全激光固化，通常需要进行二次固化。

三、SLA 技术材料及设备

（一）SLA 技术使用的材料

SLA 技术用材料为液态光固化树脂材料，有时称之为液态光敏树脂。光固化树脂材料具有一些特殊的性能，例如收缩率小或无收缩、变形小、不用二次固化、强度高等。随着 SLA 技术的飞速发展，光固化树脂材料也不断被研发和推广。

光固化成型材料必须具备能固化成型以及成型后的形状、尺寸精度的稳定性有保障两个基本条件，即应满足以下条件：

（1）成型材料易于固化，成型后须具有一定的黏结强度。

（2）成型材料具有一定的黏度但不能太高，以保证加工出来的轮廓表面的平整性，同时减少液体的流动时间。

（3）成型材料自身的热影响区较小，收缩应力也较小。

（4）成型材料对光有一定的穿透力，从而可获得具有一定固化深度的层片。

目前，SLA 技术使用的材料有 3D Systems 公司的 ACCURA 系列材料，该系列材料应用范围广泛，几乎所有的 SLA 技术设备都可以使用，且采用该系列材料制作的成型制件具有较高的成型精度、强度和较好的耐吸湿性等优良性质，综合性能较好。另外，Vantico 公司、DSM 公司也分别推出了 SL 系列、SOMOS 系列材料。

（二）SLA 技术的成型设备

美国 3D Systems 公司是 SLA 技术的开发者。1988 年，该公司推出了第一台基于立体光固化技术的成型设备，尽管体积庞大且售价高昂，但它的问世标志着 3D 打印机商业化的起步。1990 年，3D Systems 公司购买了专利后，SLA 设备的量产进程随之加快。目前，SLA 制造系统已有多个商品系列，在市场上应用非常广泛。经过三十多年的发展，3D Systems 公司也成为全球最大的 3D 打印设备供应商，该公司的设备逐步更新换代，近期又推出了 iPro™ 系列与 ProX™ 系列设备，如 iPro™ 8000、iPro™ 8000MP、ProX™ 950 等。其中 ProX™ 950 是 3D systems 公司最新推出的非金属 3D 打印机里技术最先进的 3D 打印设备。3D Systems 公司的 ProX™ 950 如图 2-9 所示。

该设备具有如下特点：

（1）成型最大尺寸为 1500mm×750mm×

图 2-9　3D Systems 公司的 ProX™ 950

750mm，零件最大质量达 150kg。

（2）采用新技术，拥有极其高的精度、极其精细的分辨率，打印精度可达到或超过注塑成型的精度，可与 CNC 抗衡。

（3）拥有最低的打印成本和最大的打印吞吐量，可更快速制造出精细的塑料零件。

（4）成型材料更为广泛，丰富的材料让其在原型加工、直接制造或间接制造中拥有最广泛的行业应用范围。

在国内，西安交通大学、威斯坦（厦门）科技有限公司、上海联泰科技股份有限公司、苏州中瑞、深圳金石三维打印科技有限公司等研究机构及企业都对 SLA 技术进行了深入研究，并推出了自己的设备。

国内外 SLA 技术典型厂商和设备见表 2-4。

表 2-4　　　　　　　　　国内外 SLA 技术典型厂商和设备

国　　家	SLA 技术典型厂商	典　型　设　备
美国	3D Systems 公司	ProJet 1500 ProJet 950 ProJet 800
	Formlabs 公司	Form 2
中国	上海联泰科技股份有限公司	RSPro 450 RSPro 600
	威斯坦（厦门）科技有限公司	SLA 600 SLA 450
	苏州中瑞智创三维科技股份有限公司	SLA 500
	深圳市智垒电子科技有限公司	ATSmake

四、SLA 技术应用

SLA 技术具有成型精度高、可成型复杂件等优点，但由于受到成型材料的限制，该技术制作的产品一般机械性能较差，因此只用于外观和零部件的装配验证。3D Systems 公司采用其自主研发的 SLA 设备制作的戒指与牙科模型如图 2-10 所示，其打印速度达到了每小时 12 个牙科蜡模、每小时 5 枚戒指。

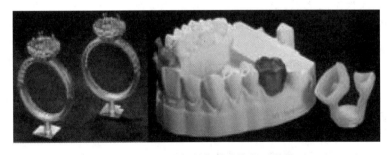

图 2-10　SLA 设备制作的戒指与牙科模型

迈阿密建筑公司以及世界级建筑事务所 Jerde Partnership 使用 ProJet 260C 制作的建

筑模型及海滨模型如图 2-11 所示。

图 2-11　SLA 设备制作的建筑模型及海滨模型

在工业制造方面，SLA 技术制作的泵叶轮样品如图 2-12 所示，其比传统方式成本更低、周期更短。传统方式制作泵叶轮，时间上需要 7~9 周，费用为 40000 美元左右；而 3D 打印泵叶轮样品，时间只需要 1 周即可，费用仅 3150 美元左右。

图 2-12　SLA 技术制作的泵叶轮样品

 课后习题

1. 简述 SLA 技术的成型原理。
2. 简述 SLA 技术的优点。
3. 查找网络资料，了解 SLA 技术还有哪些应用。

任务三　SLS 技术

 学习目标

1. 熟悉 SLS 技术的工作原理及技术特点。
2. 了解 SLS 技术的成型材料及设备。
3. 了解 SLS 技术的应用。

任务描述

通过老师讲解、观看视频或现场考察等掌握什么是 SLS 技术。注意区分它与 FDM 技术的不同，学习它的原理、特点、成型材料及应用领域。

知识平台

一、SLS 技术原理

SLS 技术的成型材料是粉末材料，一般为尼龙、金属、陶瓷粉末等，其基本原理是通过激光器的作用使粉末材料烧结并初步固化。SLS 成型系统的工作原理示意图如图 2-13 所示。首先刮板或滚筒在工作台上铺一层粉末材料，并将其加热至略低于其熔化温度，再使激光束按照该层的截面轮廓在粉层上扫描，使粉末的温度升至熔化点，粉末间相互黏结，从而得到一层截面轮廓。当一层截面轮廓成型完成后，工作台就会下降一个片层的高度，接着不断重复铺粉、烧结的过程，直至实体整个成型。成型过程中，非烧结区的粉末仍呈松散状，可作为烧结件和下一层粉末的支撑部分。

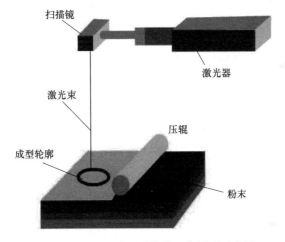

图 2-13　SLS 成型系统的工作原理示意图

SLS 技术用的激光与 SLA 技术用的激光不同。SLA 技术用的是紫外激光，而 SLS 技术用的是红外激光。SLA 技术的耗材一般为液态光敏树脂，而 SLS 技术的耗材一般为塑料、蜡、陶瓷、金属粉末等。

二、SLS 技术特点

SLS 技术的主要优点有：

（1）成型材料广泛。从理论上讲，任何能够吸收激光能量而使黏度降低的粉末材料都可以作为 SLS 的成型材料，包括尼龙、聚苯乙烯等聚合物以及金属、高分子、陶瓷、覆

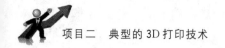

膜砂等粉末材料。

（2）成型制件的复杂程度高。由于成型材料是粉末状的，在成型过程中，未烧结的松散粉末可做自然支撑，容易清理，因此特别适用于有悬臂结构、中空结构以及细管道结构的零件生产。

（3）材料利用率高，成本低。在打印过程中，未被激光扫描到的粉末材料可以被重复利用。因此，SLS 技术具有特别高的材料利用率，几乎可达到 100%。此外，SLS 成型过程中的多数粉末价格较便宜，如覆膜砂。因此，SLS 技术材料成本相对较低。

（4）无需支撑，容易清理。由于未烧结的粉末可以对成型制件的空腔和悬臂部分起支撑作用，不必专门设置支撑结构，因此节省了成型材料并降低了制造能源消耗量。

SLS 技术的主要缺点有：

（1）表面相对粗糙，需要后期处理。由于 SLS 技术的原材料是粉末，零件的成型是由材料粉层经过加热熔化而实现逐层黏结的，因此严格来说成型制件的表面是粉粒状，因而表面质量不高。生成陶瓷、金属成型制件的后处理较难，且制件易变形，难以保证其尺寸精度。

（2）烧结过程挥发异味。SLS 技术过程中的粉层黏结需要激光能量使其加热而达到熔化状态，高分子材料或者粉粒在激光烧结熔化时，一般会挥发异味气体。

（3）设备成本高。由于使用大功率激光器，除本身设备成本外，为使激光能稳定工作，需要不断地做冷却处理，激光器属于耗损材料，维护成本高，普通用户难以承受，因此主要集中在高端制造领域。

三、SLS 技术材料及设备

（一）SLS 技术成型材料

用于 SLS 技术的材料均是粉末状材料，其粉末粒径一般为 $50\sim125\mu m$。包括金属、陶瓷、石蜡以及聚合物的粉末，如尼龙粉、覆裹尼龙的玻璃粉、聚碳酸酯粉、聚酸胺粉、蜡粉、金属粉（成型后常需进行再烧结及渗铜处理）、覆膜砂、覆蜡陶瓷粉和覆蜡金属粉等。近年来开发较为成熟的 SLS 技术常用材料及其特性见表 2-5。

表 2-5　　　　　　　　　　　　　SLS 技术常用材料及其特性

材 料 类 型	特 性
石蜡	主要用于熔模铸造，制造金属型
聚碳酸酯	坚固耐热，可用于制造微细轮廓及薄壳结构，也可用于消失模铸造
尼龙、纤细尼龙、合成尼龙（尼龙纤维）	用于制造测试功能件
铁铜合金	具有较高的强度，可制造注塑模
覆膜砂	用于砂型铸造

1. 高分子材料

目前，SLS 技术常用的高分子材料有聚苯乙烯、工程塑料、尼龙、蜡粉、聚碳酸酯等。

聚苯乙烯：受热后可熔化、黏结，冷却后可固化成型。该材料吸湿率小，收缩率也较小。其成型制件可通过浸树脂后提高强度，主要性能指标：拉伸强度不小于 15MPa，弯曲强度不小于 33MPa；冲击强度不小于 3MPa，可作为原型件或功能件使用，也可用做消失模铸造用母模，生产金属铸件。

工程塑料：成型强度较高，主要用于制作原型件及功能件。

尼龙：热化学稳定性优良。

2. 金属材料

采用金属为主体的合成材料制成的成型制件硬度较高，能在较高的工作温度下使用，因此此种模型制件可用于复制高温模具。目前常用的金属粉末包括：

（1）金属粉末和有机黏结剂的混合体，如美国 DTM 公司已商品化的 Rapid Steel 1.0，其主要成分为碳钢金属粉末＋聚合物材料，但其成型制件的密度仅为钢密度的 55%，因此需要进行渗铜处理；Copper Polyamide 粉末，其主要为铜粉＋聚酰胺材料，其特点是成型后不需二次烧结，只需渗入低黏度耐高温的高分子材料。

（2）两种金属粉末的混合体，其中低熔点金属起到黏结剂的作用，如金属 Sn、Ni 等。但由于低熔点金属材料的强度较低，制得的成型制件强度通常也较低。为了提高强度，通常采用熔点接近或超过 1000℃ 的金属材料作为黏结剂，更高熔点的金属作为合金的基体。

（3）单一的金属粉末。对单元系烧结，特别是高熔点的金属在较短的时间内需要达到熔融温度，需要很大功率的激光器，若直接对金属材料进行烧结，将难以达到金属的熔点，获得的成型金属制件组织结构多孔，导致制件密度低、机械性能差。因此，此种粉末应用较少。

3. 陶瓷材料

SLS 技术用的陶瓷材料是陶瓷粉末与低熔点黏结剂的混合粉末。与金属材料相比，陶瓷材料具有更高的硬度，耐高温性，因此可用于成型高温模具。目前，常用的陶瓷材料有 Al_2O_3，SiC、ZrO_2 等。

（二）SLS 技术成型设备

SLS 技术是由美国德克萨斯大学奥斯汀分校的研究生 Carl Deckard 于 1989 年首次提出的，稍后组建的 DTM 公司在 1992 年开发出第一台 SLS 技术的商业成型机 Sinterstation 2000。这些年来，奥斯汀分校与 DTM 公司（2001 年被美国 3D Systems 公司并购）在 SLS 技术领域进行了大量的研究与开发工作，在设备研制、加工工艺和材料开发方面取得了很大进展。

除了 DTM 公司（2001 年被美国 3D Systems 公司并购）外，研究 SLS 设备工艺的单位还有德国 EOS 公司及我国的华中科技大学、北京隆源自动成型系统有限公司、北京易加三维科技有限公司等。其中北京隆源公司是国内比较有名的 SLS 设备供应商。

SLS 技术典型厂商及其代表设备见表 2-6。

美国 3D Systems 公司基于 SLS 技术研发出了 sPro™ 系列设备，其中 sPro™ 230 成型材料应用最广泛，具有先进的系统能够快速制造高清晰度、耐用的塑料部件，可打印长达 30 英寸（约 762mm）的部件。这个成型系统拥有全自动粉末处理与回收功能，并且可实

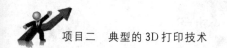

现材料的可追溯性，能够升级至最大吞吐量的高速版本。SLS技术典型机型及其主要参数见表2-7。

表2-6   **SLS技术典型厂商及其代表设备**

国家	SLS典型厂商	典型设备
德国	EOS GmbH 公司	EOS P396、EOS P760
美国	3D Systems 公司	ProX 500、sPro 230HS
中国	北京隆源自动成型系统有限公司	AFS360、AFS500、LaserCore-5100、LaserCore-5300
	北京易加三维科技有限公司	EP-3650、EP-C5050、EP-7250
	上海盈普三维打印科技有限公司	TPM3D P360、TPM3D S360
	湖南华曙高科技有限责任公司	FARSOON 251

表2-7   **SLS技术典型机型及其主要参数**

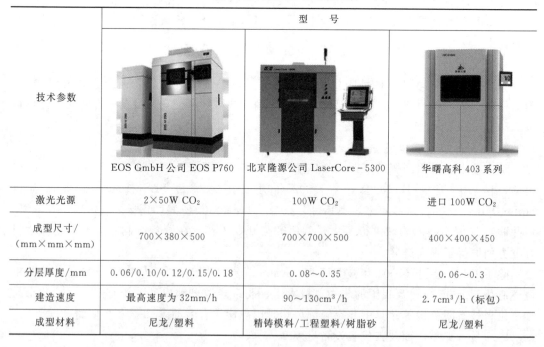

技术参数	型号		
	EOS GmbH 公司 EOS P760	北京隆源公司 LaserCore-5300	华曙高科 403 系列
激光光源	2×50W CO_2	100W CO_2	进口 100W CO_2
成型尺寸/(mm×mm×mm)	700×380×500	700×700×500	400×400×450
分层厚度/mm	0.06/0.10/0.12/0.15/0.18	0.08~0.35	0.06~0.3
建造速度	最高速度为 32mm/h	90~130cm³/h	2.7cm³/h（标包）
成型材料	尼龙/塑料	精铸模料/工程塑料/树脂砂	尼龙/塑料

四、SLS技术应用

SLS技术因具有成型材料广泛、无浪费、低成本以及可以快速制造出复杂原型件和功能件、制造过程中无需支撑等优点，因此一直在3D打印工业领域中占有重要地位。经过二十多年的发展，SLS技术已从单纯为方便造型设计而制造高聚物原型发展到以获得实用功能零件为目的的高分子/金属/陶瓷零件的成型制造，应用领域不断拓宽。而且得益于成型材料和相应工艺的优化以及图形算法的不断改进，制造周期明显缩短，成型制件的精度和强度都有所提高。

　　SLS技术已成功为汽车企业提供缸体、缸盖、进气管、变速箱壳体的RP服务，SLS技术直接成型的铸造砂芯成功用于汽车发动机缸体、缸盖和增压器的快速开发。SLS技术在产品研发中的应用实例如图2-14所示。图2-14（a）中发动机缸盖烧结时间为24h，整个铸造周期仅为15天。

（a）汽车发动机缸盖

（b）航空器局部蜡模

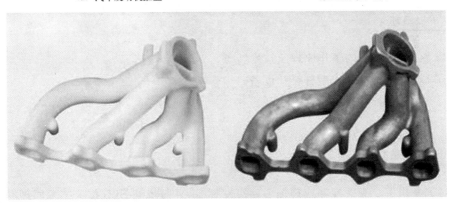

（c）内燃机进气管

图2-14　SLS在产品研发中的应用实例

　　SLS技术在医疗外科整形方面也得到了成功的应用。图2-15是根据医学数据进行必要的转换后，得到的三维数据模型，通过激光打印机可在1～2天内获得成型制件。这样，医生就可以在成型制件上准确地标定创面，并可依据实物进行手术模拟。SLS技术在医疗外科整形方面的应用，可为医生提供实物进行模拟，缩短手术时间、减轻患者痛苦、提高手术成功率。

图 2-15 SLS技术在骨科手术中的应用实例

课后习题

1. 简述 SLS 技术的成型原理。
2. 简述 SLS 技术的材料特性。
3. 查找网络资料，了解 SLS 技术还有哪些应用。

任务四 SLM 技 术

学习目标

1. 熟悉 SLM 技术的工作原理及技术特点。
2. 了解 SLM 技术的成型材料及设备。
3. 了解 SLM 技术的应用。

任务描述

通过老师讲解、观看视频或现场考察等掌握 SLM 技术与 SLS 技术技术原理和应用上的区别，了解近年来它的技术突破和应用领域的开拓情况。

知识平台

一、SLM 技术原理

SLM 是一种金属件直接成型方法，是金属粉末在高功率密度的激光器热作用下完全熔化，经冷却凝固而成型的一种技术。SLM 是在 SLS 技术基础上发展起来的，它的工艺过程与 SLS 类似。但是 SLM 成型过程中一般需要添加支撑结构，其主要作用体现在：

（1）承接下一层使其成为成型粉末层，防止激光扫描过后的金属粉末层发生塌陷。

（2）成型过程中由于粉末受热熔化冷却后内部存在收缩应力，因而可能导致零件发生翘曲等，支撑结构连接已成型部分与未成型部分，可有效抑制这种收缩，能使成型制件保持应力平衡。

另外，相对于 SLS 技术，SLM 技术无需添加高分子聚合物或低熔点金属作为黏结剂，可直接获得终端金属产品，省掉中间过渡环节，获得的金属实体密度接近 100%。经 SLM 技术成型的零件，成型精度高，综合力学性能好，可直接满足实际工程应用，在生物医学移植体制造领域具有重要的应用。

图 2-16 SLM 技术

在激光器方面，由于材料吸收问题一般 CO_2 激光器很难满足要求，Nd-YAG 激光器由于光束模式差也很难达到要求，因此 SLM 技术需要使用光束质量较好的半导体泵浦 YAG 激光器或光纤激光器，功率在 100W 左右，可以达到 $30\sim50\mu m$ 的聚集光斑，功率密度达到 $5\times10^6 W/cm^2$ 以上。但这在一定程度上增加了成本。此外，SLM 技术在熔化金属粉末时，金属零件内部易产生较大的应力，结构复杂的零件需要添加支撑以控制变形量。SLM 技术如图 2-16 所示。

二、SLM 技术特点

SLM 技术的优缺点如下：

SLM 技术的主要优点为：

（1）快速制造，成型制件复杂程度高。SLM 技术可一次性直接成型金属产品，无需制造模具，大大减少了开模制模所耗费的时间，另采用叠层制造的思想，不会受到金属零件复杂程度的影响，具有较高的自由度。

（2）成型制件致密度高，表面质量良好。SLM 技术的粉末粒径为 $5\sim50\mu m$，以高密度的激光器为热源，能够将材料完全熔化，成型制件表面粗糙度可达 $20\sim30\mu m$，致密度近乎 100%。

（3）SLM 技术具有微区熔融与凝固的特点，由于激光束扫描速度快，熔化的金属熔池小，因此冷却凝固速度快，具有极大的过冷度。

SLM 技术的主要缺点为：

（1）设备、材料成本高。由于国内比国外发展时间短，目前 SLM 设备核心部件都是进口的，增加了设备成本；另外，金属粉末没有统一的标准和成型工艺，粉末质量参差不齐，价格相对昂贵。

（2）成型制件与传统工艺相比还存在一定的差距。SLM 技术整体还在优化提高阶段，成型的金属制件存在一定的缺陷。极其快速的冷却行为导致成型制件的晶粒形态、尺寸、

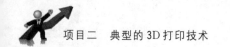

取向等与传统工艺存在极大差别，内应力非常巨大，需要进一步研究。

（3）需额外设置支撑结构。对具有悬垂结构或者表面倾角过大的零件，需要设置支撑结构，以免出现塌陷、翘曲等现象。支撑的添加会增加人工和材料成本，也会降低与支撑部分接触部位的成型精度。

三、SLM 技术材料及设备

SLM 技术是 1995 年由德国夫琅和费研究所与当时的 F&S Stereolithographietechnik

公司共同研发并申请获得相关专利的。目前，SLM 技术创始人 Dieter Schwarze 在 SLM Solutions 公司。该公司开发了 3 套 SLM 设备——SLM120、SLM280、SLM500。SLM Solutions 公司的 SLM 设备如图 2-17 所示。

（一）SLM 技术材料

SLM 技术使用的原材料为金属粉末，SLM 技术常用材料情况见表 2-8。

（二）SLM 设备

目前国内外 SLM 设备典型厂商及代表设备见表 2-9。

图 2-17 SLM Solutions 公司的 SLM 设备

表 2-8 　　　　　　　　SLM 技术常用材料情况

材料名称	技 术 指 标
不锈钢	粉末近球形，粒径 15～45μm，含氧量低于 1100×10⁻⁶g/cm³，流动性好，纯度高
钴铬合金	粉末近球形，粒径 15～45μm，含氧量低于 1100×10⁻⁶g/cm³，流动性好，纯度高
钛合金	粉末近球形，粒径 10～45μm，含氧量低于 1300×10⁻⁶g/cm³，流动性好，纯度高
铝合金	粉末近球形，粒径 20～63μm，含氧量低于 1000×10⁻⁶g/cm³，流动性好，纯度高
镍基合金	粉末近球形，粒径 15～45μm，含氧量低于 1100×10⁻⁶g/cm³，流动性好，纯度高

表 2-9 　　　　　　　　SLM 设备典型厂商及代表设备

国 家	SLM 设备典型厂商	代 表 设 备
德国	EOS GmbH 公司	EOS M290 EOS M400
	SLM Solutions 公司	SLM 125HL SLM 280HL SLM 500HL
	Concept Laser 公司	Mlab M2 X1000R

续表

国　家	SLM 设备典型厂商	代 表 设 备
英国	Renishaw 公司	AM250
中国	广州瑞通激光科技有限公司	D280
	西安铂力特增材技术股份有限公司	BLT - S300、BLT - S200
	北京易加三维科技有限公司	EP - M100T、EP - M250
	广东汉邦激光科技有限公司	HBD - 100、HBD - 280

任务五　3DP　技　术

学习目标

1. 认知并掌握 3DP 技术的工作原理及其工艺特点。
2. 熟悉 3DP 技术的成型材料及设备。
3. 了解 3DP 技术的应用。

任务描述

通过老师讲解、观看视频或现场考察等掌握什么是三维印刷技术。通过师生互动、分组讨论进一步掌握该技术独有的特点、成型材料及应用领域。

知识平台

一、3DP 技术成型原理

3DP 技术又被称为三维打印技术或喷涂黏结技术，是一种高速多彩的 3D 打印技术。3DP 技术与 SLS 技术类似，采用粉末材料作为成型材料，如陶瓷粉末、金属粉末等。不同点是 3DP 技术是采用粉末材料连接，而不是通过烧结连接。3DP 技术通过喷头喷出黏结剂，将粉末按轮廓形状黏结成型。

3DP 技术的成型原理如图 2-18 所示。喷头在控制系统的控制下，按照所给的一层截面信息，在事先铺好的一层粉末材料上，有选择性地喷射黏结剂，使部分粉末黏结，形成一层截面薄层；每个薄层成型后，工作台下降一个层厚，进行铺粉操作，继而再喷射黏结剂进行薄层成型，不断循环，直至所用薄层成型完毕，层与层在高度方向上相互黏结并堆叠得到所需的三维实体制件。

一般情况下，打印得到的制件还需要进行后处理，对于无特殊强度要求的模型制件，后处理通常包括加温固化以及渗透定型胶水。而对于强度有特殊要求的结构功能部件以及各类模具，在对黏结剂进行加热固化后，通常还要进行烧结以及液相材料渗透，以提高制

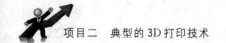
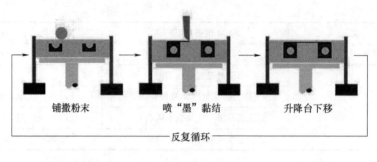

铺撒粉末　　　　　喷"墨"黏结　　　　　升降台下移

—— 反复循环 ——

打印中　　　　　最后一层　　　　　最终制件

图 2-18　3DP 技术的成型原理

件的致密度，从而达到各类应用对于强度的要求。

二、3DP 技术特点

(一) 3DP 技术优点

（1）成型速度快，成型材料价格低，适合做桌面型的打印设备。

（2）在黏结剂中添加颜料，可以制作彩色成型制件，这是该技术最具竞争力的特点之一。

（3）不需支撑，成型过程不需要单独设计与制造支撑，方便去除多余粉末，因此尤其适合于做内腔复杂的成型制件。

（4）不需要激光器，设备价格低廉。

(二) 3DP 技术缺点

（1）成型制件的强度、精度相对粗糙，只可用于制造概念模型，不适合构建结构复杂和细节较多的薄型制件。

（2）原材料（粉末、黏结剂）价格昂贵。

三、3DP 技术与设备及其应用

3DP 技术与设备是由美国麻省理工学院开发与研制的。美国的 Z Corporation 公司申请获得专利，并在 20 世纪 90 年代中期推出了全世界第一款商业化 3DP 设备，以后一直保持在该领域的技术优势。其在 2011 年被 3D Systems 公司收购。其 Zprinter 系列 3DP 设备是目前市场上最受欢迎的产品之一。此外，德国 EX-ONE 公司和 Voxeljet 公司的设备也处于市场领先地位。每个厂商的设备都有其特有优势。Zprinter 系列是市场上唯一可以自由实现全彩色制造的 3D 打印设备；EX-ONE 公司专攻金属制造，M 系列设备制造的金属零件可以在简单处理后直接作为工业用品使用，这是其他 3DP 设备目前所不能达到的；而 VX 系列是目前市场上成型精度最高、制造速度最快的产品。

Zprinter 系列使用 600dpi（每英寸点数）分辨率的喷墨打印头，采用按需滴墨技术，制造出了真正独一无二的三维喷墨打印机。该技术可使多个部件同时打印成型，而其所需时间几乎与一个部件打印成型的时间相同。Voxeljet 公司推出的极具特色的 VX4000 机型，堪称 3D 打印机中的巨无霸，具备 4m×2m×1m 的成型体积，可以持续 7 天不间断工作，且可以批量打印。表 2 - 10 对比了两种型号 3DP 设备的基本参数。

表 2 - 10　　　　　　　　　　两种型号 3DP 设备基本参数

技术参数	机　型	
	3D Systems 公司　ZPrinter 850	Voxeljet 公司　VX4000
成型尺寸/ (mm×mm×mm)	508×381×229	4000×2000×1000
成型材料	类石膏粉末	塑料、砂子
打印机尺寸/ (mm×mm×mm)	1190×1160×1620	19500×3800×7000
分层厚度/mm	0.089～0.102	0.12
精度/mm	0.1	0.1
支持文件类型	STL、VRML、PLY、FBX、3DS、ZPR	STL

3DP 技术因其成型速度极快，特别适合做桌面型打印设备，并且可以在黏结剂中添加有色颜料，因此可以制作彩色成型制件，这是该技术颇具竞争力的特点之一。3DP 技术还可以进行结构以及运动部件的打印，制造出的齿轮、轴承、拉杆等都可以正常活动，而腔体、沟槽等形态、特征、位置准确，甚至可以满足装配要求，打印出的实体还可通过打磨、钻孔、电镀等方式进行进一步加工。3DP 技术在工业制造上的应用实例如图 2 - 19 所示。此外，3DP 技术还可用于表现商品的外形曲线设计，3DP 技术打印出的运动鞋如图 2 - 20 所示。其为 Reebok 运动鞋及其彩色成型制件。

图 2 - 19　3DP 技术在工业制造上的应用实例

图 2-20　3DP 技术打印出的运动鞋

任务六　其他 3D 打印技术

　　掌握其他 3D 打印技术，如 PolyJet、DLP、激光熔覆沉积（laser cladding deposition，LCD）、EBM、彩色粘接打印技术（color jet printing，CJP）、多射流熔融（multi jet fusion，MJF）等技术的工作原理及特点。

　　通过老师讲解、观看视频等形式了解其他常见 3D 打印技术的原理和特点。通过师生互动、分组讨论进一步掌握各种技术的独有特点，掌握这些技术与几种主流技术的差别。

　　目前的 3D 打印主流技术有 FDM、SLS、SLA、3DP 技术，在这些技术的基础上，根据能源光源、控制系统、成型材料及黏合技术的创新，3D 打印产业不断拓展出新的技术路径和实现方法，包括 PolyJet、DLP、LCD、EBM、CJP、MJF 等。对于 3D 打印工艺可大致归纳为挤出成型、粉末颗粒材料成型、光聚合成型以及薄层材料成型四大技术类型，每种类型又包括一种或多种技术路径，3D 打印技术分类如图 2-21 所示。

一、PolyJet 技术

　　PolyJet 技术是以色列 Objet 公司（现已并入美国 Stratasys 公司）于 2000 年初推出

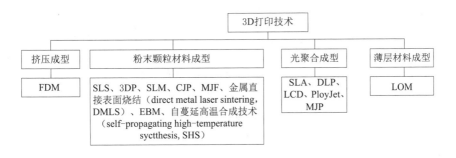

图 2-21　3D 打印技术分类

的专利技术，也是当前最为先进的 3D 打印技术之一，它是液态喷射成型技术与液态树脂光固化成型技术两大技术的结合体。

PolyJet 技术原理如图 2-22 所示，PolyJet 的喷射打印头沿 X 轴方向来回运动，工作原理与喷墨打印机十分类似，不同的是喷头喷射的不是墨水而是光敏聚合物。当光敏聚合材料被喷射到工作台上后，UV 紫外光灯将沿着喷头工作的方向发射出 UV 紫外光对光敏聚合材料进行固化。

完成一层的喷射打印和固化后，设备内置的工作台会极其精准地下降一个成型层厚，喷头继续喷射光敏聚合材料进行下一层的打印和固化。就这样一层接一层，直到整个成型制件打印完成。

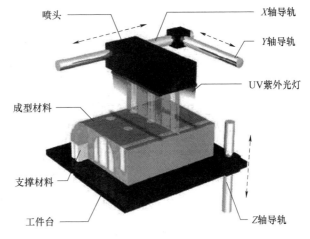

图 2-22　PolyJet 技术原理

成型制件的成型过程中将使用两种不同类型的光敏树脂材料：一种是用来生成实体模型的材料；另一种是类似胶状的用来作为支撑的树脂材料。

这种支撑材料通过过程控制被精确地添加到复杂成型结构模型的所需位置，例如一些悬空、凹槽、复杂细节和薄壁等的结构。当完成整个打印成型过程后，只需要使用 WaterJet 水枪就可以十分容易地把这些支撑材料去除，最终形成拥有整洁光滑表面的成型制件。PolyJet 多重喷射技术原理如图 2-22 所示。

使用 PolyJet 聚合物喷射技术成型的工件精度非常高，最小层厚能达到 $16\mu m$。设备提供封闭的成型工作环境，适合于普通的办公室环境。此外，PolyJet 技术还支持多种不同性质的材料同时成型，能够制作非常复杂的模型。

二、DLP 技术

DLP 技术也属于光固化成型衍生出的一种 3D 打印技术。该技术最早由美国德州仪器公司开发，目前很多产品也是基于德州仪器公司提供的芯片组制造的。DLP 技术在牙科

模型制作、珠宝设计等行业应用较为广泛。

DLP 技术与 SLA 技术相似，区别在于 DLP 技术是使用高分辨率的数字光处理器投影仪来固化液态光聚合物，逐层地进行光固化。由于每次成型一个面，因此在理论上速度比同类的 SLA 技术快很多。其成型精度高，在材料属性、细节和表面光洁度方面可匹敌注塑成型的耐用塑料部件；由于 DLP 技术利用投影原理成型，零件的尺寸大小并不影响成型速度；DLP 技术不需要激光器，而是使用价格低廉的灯泡照射成型；与 FDM 技术等比较，无喷头装置，因此不会出现喷头堵塞的问题，大大降低了维护成本。

三、LCD 技术

LCD 技术也属于光固化成型衍生出的一种 3D 打印技术。LCD 技术原理如图 2-23 所示，聚光镜使光源分布均匀。菲涅尔透镜使光线垂直照射到液晶屏上，成像透明，图像会透过液晶屏照射在光固化树脂上。其打印原理为固化成型件托板与储液槽底膜之间很薄的树脂液体在液晶屏透光照射下发生固化；托板将固化部分提起，让液体补充进来，托板再次下降，托板与底膜之间的薄层再次曝光，逐层地进行光固化。

LCD 技术可分为 LCD 掩膜光固化和可见光固化两种技术。

（1）LCD 掩膜光固化技术：采用 405nm 的紫外光（和 DLP 技术一样），加上 LCD 面板作为选择性透光的技术，就是 LCD 掩膜光固化技术。

（2）可见光固化技术：光固化技术是完全放弃以前所有光固化必须使用紫外光的条件，使用普通光（可见光，405～600nm）就可以使树脂固化，实现打印。按原理区分就是光源再一次升级，用普通的 LCD 显示面板，不加任何改装或改背光，直接作为光源。

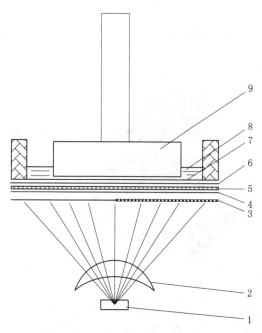

图 2-23　LCD 技术原理
1—光源；2—聚光镜；3—菲涅尔透镜；
4—偏振膜；5—液晶屏；6—偏振膜；
7—储液槽底膜；8—光固化树脂；
9—固化成型制件托板

使用 LCD 技术成型的工件精度高，很容易达到平面精度 $100\mu m$，优于第一代 SLA 技术，和目前桌面级 DLP 技术具有可比性；因为没有激光振镜和投影模块，结构很简单，容易组装和维修；可同时打印多个零件不牺牲速度。打印精度高、成型质量上佳、打印速度快、价格便宜，凭借出色的成型质量和打印细节广泛应用于教育、医疗、工业设计、动漫文艺等对成型精度要求较高的行业领域。

四、EBM 技术

EBM 技术属于 3D 打印技术之一。首先，打印机在铺设好的粉末上方选择性地向粉末发射电子束，电子的动能转换为热能，选区内的金属粉末加热熔化成型，加工成当前层；然后，活塞使工作台降低一个单位的高度，新的一层粉末铺撒在已烧结的当前层上，设备调入新一层截面的数据进行加工，与前一层截面黏结；此过程逐层循环，直至整个成型制件完成。

EBM 技术使用的材料主要是金属粉末材料，材料技术指标与 SLM 技术相似，其主要技术差别在于 EBM 技术的粉末粒径可以相应放宽到 $15\sim53\mu m$。

五、CJP 技术

CJP 技术是美国 3D Systems 公司于 2013 年推出的技术，该技术采用的材料均为粉末状材料，如石膏粉末、塑料粉末。打印机通过喷头喷射黏合剂将成型制件的截面"打印"出来并重复上述步骤一层层堆积成型。直至成型制件完成。CJP 技术具有成型速度快、支撑易去除、成型尺寸大等优点，适用于制造结构复杂的工件，也适用于制作复合材料或非均匀材质材料的零件。

CJP 技术采用滚筒将复合粉推送到建模平台，均匀地铺很薄一层，同时打印头喷射透明液体黏合剂固化复合粉，而彩色喷墨打印头将彩色黏合剂有选择地喷射在铺好的粉材上，然后建模平台一层一层地降低，重复这个动作，直到模型完成。将胶水与颜料喷在石膏粉末上，以取得 3D 产品。

使用 CJP 技术成型彩色工件加工速度快，可以以 25mm/h 的垂直构建速度打印模型；无需激光器等高成本元器件，成本较低，且易操作和维护；没有支撑结构；与 SLS 技术一样，粉末可以支撑悬空部分，而且打印完成后，粉末可以回收利用，环保且节省开支。

六、MJF 技术

MJF 技术是美国惠普公司 2014 年推出的专利技术，该技术首先在打印台上铺设一层粉末材料，进行熔剂喷射；然后喷射精细剂；再在成形区域施加能量使粉末熔融。如此重复上述步骤，直到所有层片成形结束。采用该技术的惠普打印机能以每秒每英寸 3000 万滴的量喷射这两种试剂。

MJF 技术的速度具有压倒性优势，超过普通技术的 10 倍，在相同时间里打印出来的样件数量远超过 FDM 技术和 SLS 技术并且打印件质量高，打印的精度范围为 0.02～0.1mm。材料采用高强度尼龙 12 粉末材料（重复利用率 80%），平均耗材成本为 SLS 技术的一半，FDM 技术的 1/5 到 1/4；打印速度比 SLS 技术快 6～10 倍，比 FDM 技术快 10 倍以上；在操作性方面，MJF 技术将混粉、筛粉以及冷却过程集成在一个处理站里面，大大简化了操作流程；相比于 SLA 技术，MJF 技术粉末成形零件具有更优良的综合机械性能以及抗热变形能力，打印件机械性能符合终端使用要求。MJF 技术已被应用于直接小批量生产领域。

 课后习题

1. 简述 PolyJet 技术的成型原理。
2. 简述 DLP 技术与 3DP 技术、SLA 技术的差别。

3. 查找网络资料，了解还有哪些 3D 打印技术。

任务七 3D 打印技术的比较及选用

学习目标

1. 对比分析典型 3D 打印技术的特点。
2. 熟悉几种典型 3D 打印技术对使用环境的要求。
3. 认知并掌握打印成型系统的选用原则。

任务描述

通过老师讲解、小组讨论等形式对几种典型的 3D 打印技术进行比较，分析它们的优势与不足，掌握打印成型系统的选用原则，并掌握根据实际需求确定相应设备及材料的能力。

知识平台

一、典型 3D 打印技术的比较

从安全性来看，FDM 技术的热压头温度远低于成型材料的熔点；3DP 技术由喷头喷出黏结剂或成型材料，温度相对也较低，因此 FDM 技术、3DP 技术安全性较好。从使用环境来看，SLS 技术使用时容易产生烟尘，SLA 技术和 SLS 技术的成型能量源是激光，具有危险性，尤其是 SLS 技术使用的激光器是依靠热量对成型材料进行切割和熔化的，工作时必须有人看守。因此在严格意义上说，SLA 技术、SLS 技术均不适合在办公室内使用。

对 FDM 技术、SLS 技术、SLA 技术、SLM 技术、3DP 技术五种典型 3D 打印技术的优缺点、设备价格、维护及日常使用费用、发展趋势、应用领域、适合行业等特点进行比较分析，见表 2-11。

表 2-11 　　　　　　　　　几种典型的 3D 打印技术比较

特点	技 术 分 类				
	FDM 技术	SLS 技术	SLA 技术	SLM 技术	3DP 技术
优点	1. 成型材料种类多，成型制件强度高，可直接制作 ABS 塑料。 2. 材料利用率高。 3. 操作环境干净、安全，可应用于办公室环境	1. 有直接金属型的概念，可直接得到塑料、蜡或金属件。 2. 材料利用率高，成型速度较快	1. 成型速度快，成型精度、表面质量高。 2. 适合做小件及精细件	1. 直接成型高致密度的金属零件。 2. 材料利用率高，成型速度较快	1. 成型速度快，成型材料价格低。 2. 无需激光器。 3. 无需设计支撑。 4. 可制作多彩成型制件

特点	技 术 分 类				
	FDM 技术	SLS 技术	SLA 技术	SLM 技术	3DP 技术
缺点	1. 成型时间较长。 2. 不适宜制作小型制件、精细件	1. 制件强度和表面质量较差，精度低。 2. 后处理工艺复杂。 3. 后处理中难以保证制件的尺寸和精度	1. 需进行后处理。 2. 光敏树脂固化后较脆，可加工性差。 3. 成型制件易受潮膨胀，抗腐蚀能力差	精度和表面质量有限，需后期加工处理	1. 制作的成型制件强度、精度不高。 2. 原材料价格高
设备价格	价格低廉	价格昂贵	价格昂贵	价格昂贵	价格昂贵
维护和日常使用费用	无激光器损耗，材料利用率高，原材料便宜	激光器有损耗，材料利用率高，原材料便宜	激光器有损耗，光敏树脂价格昂贵	激光器有损耗，材料利用率高，原材料昂贵	无激光器损耗，材料利用率高，材料昂贵
发展趋势	飞速发展	稳步发展	稳步发展	稳步发展	稳步发展
应用领域	塑料件外形和结构设计	铸造件	复杂、高精度的精细件	复杂金属结构件	多彩塑料件
适合行业	科研院校、生产企业	铸造行业	快速成型服务中心	科研院校、生产企业	艺术设计

二、3D 打印设备的选用

3D 打印技术的应用领域很广，目前已在航空、航天、医疗器械、电子信息、家用、机械、汽车、首饰、玩具等行业中广泛应用。这些领域中各种产品的大小、结构都不尽相同，有的结构极为复杂，对产品的制造目的、制造精度、成本和使用需求也不同，这就需要根据不同的产品结构和使用要求进行选择。具体来讲应重点考虑以下因素：

（一）产品功能

对只需表达出外形的产品而言，绝大多数精度较好的成型设备都满足要求；对功能性测试产品而言，要求产品材质和力学性能都接近真实产品，因此必须考虑选择相关成型设备能直接制作满足材质和力学性能要求的产品制件，如对于加工具有如 ABS 塑料性能的制件，可以采用 SLA 或 FDM 设备直接制作；对于复杂的塑料、陶瓷、金属及复合材料的零部件以及小批量产品的生产，可采用 SLS 技术直接打印。

（二）成型精度

成型精度是打印设备的重要指标，它主要指 Z 轴层厚、XY 轴精度及喷嘴直径等。一般而言，最重要的参数是 Z 轴层厚，它直接关系到产品成型后的表面质量，层厚较大时，曲面造型表面就会出现一层层明显的纹理。

（三）成型材料

成型设备的成型材料不尽相同，如选金属材料直接成型，只能选用 SLS 打印设备。SLA 技术的成型材料必须是液态光敏树脂。

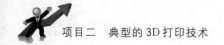
（四）打印成本

打印成本包括设备成本、运行成本两方面内容。设备成本除了购置 3D 打印设备的所有费用外，还包括相关的上、下游设备费用。如下游费用包括表面喷涂、打磨等后处理工艺所需要的费用。对于 SLS 技术而言，还需要配备后处理工艺中所用的烧结炉和渗铜炉等。运行成本包括所需成型材料及设备维护的费用，例如房屋费用、水电费用以及设备的折旧费等。以采用激光作为光源的成型设备为例，必须考虑到激光器的使用寿命及维护成本的问题。如紫外激光器的使用寿命为 2000h 左右，其价格约 1 万美元，CO_2 激光器的使用寿命为 20000h 左右，之后可以通过充气继续使用，但每次充气费用为几百美元。

（五）打印速度

对于具备稳定的垂直打印速度的成型设备而言，打印速度一般指 Z 轴方向上打印一定高度所需的时间，通常用 inch/h、mm/h 来表示，其打印速度不受打印物体结构复杂度和单次打印部件数量的影响。

（六）用户环境

3D 打印设备技术含量高，购买、运行、维护的费用也较高，对大多数企业而言，既要考虑自身的需要，又要考虑本地区用户的需求，使其能在购置后最大限度地发挥作用，使设备满负荷运转，能尽快地为企业创造较大的经济效益。

课后习题

1. 简述 3D 打印成型系统的选用应考虑哪些因素。
2. FDM 技术、SLS 技术、SLA 技术、3DP 技术等的优缺点分别是什么？

项目三　三维 CAD 模型的创建

项目引入

3D 打印是从零件的 CAD 模型或其他数据模型出发，利用分层处理软件将三维数据模型离散成截面数据，输送到成型系统完成打印的过程。3D 打印数据处理流程如图 3-1。

3D 打印的数据来源主要有三维建模软件正向建模、逆向工程数据、医学/体素数据三个方面：

1. 三维建模软件正向建模

这是一种最重要也是应用最广泛的数据来源。由三维建模软件生成产品的三维 CAD 模型或实体模型，然后对实体模型或表面模型直接分层得到精确的截面轮廓。最常用的方法是将 CAD 实体模型先转化为三角网络模型（STL 文件），然后分层得到加工路径。STL 格式是 3D 打印行业公认的标准文件格式，现在商用的 CAD 软件均带有 STL 文件的输出模块，且打印设备大多是基于 STL 文件进行操作的。

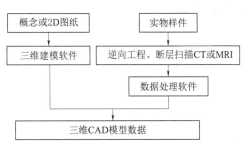

图 3-1　3D 打印数据处理流程

2. 逆向工程数据

这种数据来源于通过逆向工程对已有零件进行数字化。利用逆向测量设备采集零件表面点得到数据，形成零件的表面数据点。这些表面数据点的处理方法有两种：一种方法是对数据点进行三角化产生 STL 文件，然后进行分层数据处理；另一种方法是对数据点直接进行分层数据处理。

3. 医学/体素数据

通过电子计算机断层扫描（computed tomography，CT）和磁共振成像（magnetic resonance imaging，MRI）获得的数据都是三维的，即物体的内部和表面都有数据。这种数据一般要经过三维 CAD 模型的重构、分层数据处理后才能进行成型加工。

任务一　正　向　建　模

学习目标

1. 熟悉三维正向建模构造方法。

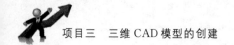

2. 了解常用的三维建模软件及其特点。

3. 熟悉 3D One Plus 三维建模软件建模的基本过程。

4. 会分析产品结构，规划建模思路，使用软件完成零件或产品的设计。

三维建模软件创建的 3D 模型是 3D 打印技术最重要、最广泛的数据来源。因此，掌握三维建模软件的使用是 3D 打印技术应用的基础。本任务是针对某一典型产品，根据其二维图纸完成该产品的三维模型创建。

一、正向建模构造方法

目前，大多数产品的研究开发流程从确定产品的预期功能与规格目标开始，首先构思产品结构；然后进行各个部件的设计、制造以及检验；再经过组装、整机检验、性能测试等完成整个开发过程。设计者拥有产品开发的完整技术档案，每个零部件都有原始设计图样，按确定的工艺文件加工，整个开发流程为构思—设计—产品。这种开发模式称为预定模式，此类构造模型的方式称为正向建模或正向设计，产品正向设计流程图如图 3 - 2 所示。

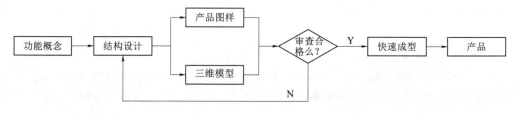

图 3 - 2　产品正向设计流程图

三维建模的常见构造方法有边界表达（boundary representation，B - Rep）法、构造实体几何（constructive solid geometry，CSG）法、单元表达（cell representation，CR）法、参数表达（parametric representation，PR）法几种。

1. B - Rep 法

B - Rep 法是由顶点、边和面构成的表面来精确地描述三维实体模型。这种方法可以快速地绘制出立体或线框模型；但鉴于其数据是以表格形式出现的，因此空间的占用量较大，且所得到的实体有时不太精确，可能会出现错误的孔洞和颠倒现象。

2. CSG 法

CSG 法又称为积木块几何法（building - block geometry，BBG），这种方法采用布尔运算法则，将一些较简单的如立方体、圆柱体等几何体进行组合，得到复杂形状的三维实体模型。其最大优点是数据结构简单，无冗余几何信息，实体模型较真实有效，且可以随时修改；缺点是该实体算法很有限，构成图形的计算量较大而且费时。

3. CR 法

CR 法的思想来源于有限元分析等分析软件。典型的单元形式有正方形、三角形以及多边形等。在 3D 打印技术中采用的近似三角形格式的 STL 文件，就是 CR 法在三维模型表面的一种具体应用形式。

4. PR 法

对于一些难以用传统单元来描述的自由曲面，可选用 PR 法。PR 法是借助 B 样条、贝塞尔等参数化样条曲线来描述自由曲面，每一个点的 X、Y、Z 坐标都是以参数化的形式呈现的。PR 表达法中的 B 样条法能较好地表达出任一复杂的自由曲面，准确地描述体元，并能局部地修改曲率。

以上 4 种三维建模构造方法的区别在于其对曲线的控制能力，即建立几何模型、局部修改曲线而又不影响相邻曲线信息的能力。目前，CAD 系统综合了 B‑Rep 法、CSG 法和 PR 法等方法的优点，并进行组合表达。

二、常用的三维建模软件

目前产品设计已经广泛地直接采用计算机辅助设计软件来构造产品三维模型，也就是说，产品的现代设计已经基本摆脱传统的图样描述方式，而直接在三维造型软件平台上进行。目前，几乎尽善尽美的商品化 CAD/CAM 一体化软件为产品造型提供了强大的空间，使概念设计能随心所欲，且特征修改也十分方便。目前，应用较多的具有三维造型功能的 CAD/CAM 软件主要有 Pro/E（Creo）、Siemens NX（行业名称 UG）、CATIA、SolidWorks、EDS I‑DEAS、MDT、Copy CAD 等，国内外部分通用的 CAD/CAM 软件见表 3‑1。

表 3‑1　　　　　　　　　　国内外部分通用的 CAD/CAM 软件

软件名称	开发公司	国别
Pro/E（Creo）	美国参数技术公司	美国
Siemens NX	德国西门子股份公司	德国
CATIA	法国达索系统公司	法国
SolidWorks	法国达索系统公司	法国
3D Studio Max（简称 3DS Max）	欧特克有限公司	美国
Autodesk Maya（简称 Maya）	欧特克有限公司	美国
3D One Plus	广州中望龙腾软件股份有限公司	中国

1. Pro/E（Creo）

Pro/E（现更名为 Creo）是美国参数技术公司旗下的 CAD/CAM/CAE 一体化三维软件。Pro/E 软件以参数化著称，是参数化技术的最早应用者，在目前的三维造型软件领域占有重要地位。Pro/E 软件具有其独特的优势，可以将设计阶段所做的修改自动反映到相关联的步骤上，而且采用了模块方式，可以分别进行草图绘制、零件制作、装配设计、钣金设计、加工处理等，保证用户可以按照自己的需要进行选择使用。可以真正实现管理开发进程，并且并行地完成其他工程。此外，该软件能实现装配功能，便于使用和掌握，能有效地提高设计效率。2010 年 10 月推出了 Creo 设计软件，即此时更名为 Creo。Creo 是一个整合 Pro/ENGINEER、CoCreate 和 ProductView 三大软件并重新分发的新型 CAD 设计软件包，针对不同的任务应用将采用更为简单化的子应用方式，所有子应用采用统一的文件格式。

在市场应用中，不同的公司还在使用着从 Pro/E 2001 到 WildFire5.0 各种版本的三维建模软件，其中，WildFire3.0 和 WildFire5.0 是主流应用版本。建立零件的三维模型，一般会用到 Pro/E 的零件模块，采用一系列实体特征描述零件，即零件模型的建立过程就是生成特征的过程。其中 Pro/E WildFire5.0 工作界面如图 3-3 所示。

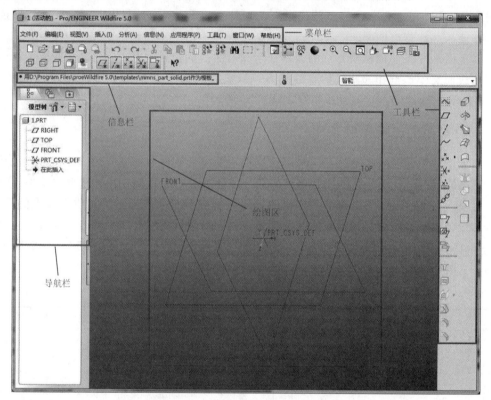

图 3-3　Pro/E WildFire 5.0 工作界面

2. UG

UG（交互式 CAD/CAM 系统）是德国 Siemens PLM Software 公司出品的一个产品工程解决方案，它为用户的产品设计及加工过程提供了数字化造型和验证手段；是除了 Pro/E 以外，另一个在三维模型设计领域应用较广的三维建模软件。UG 软件界面如图 3-4 所示。

3. CATIA

CATIA 是法国达索系统公司开发的解决方案。作为产品生命周期管理（product life-cycle management，PLM）协同解决方案的一个重要组成部分，它可以帮助制造厂商设计他们未来的产品，并支持从项目前阶段、设计、分析、模拟、组装到维护在内的全部工业设计流程。CATIA 系列产品在汽车、航空航天、船舶制造、厂房设计（主要是钢构厂房）、建筑、电力与电子、消费品和通用机械制造八大领域里提供 3D 设计和模拟解决方案。CATIA 的工作界面如图 3-5 所示。

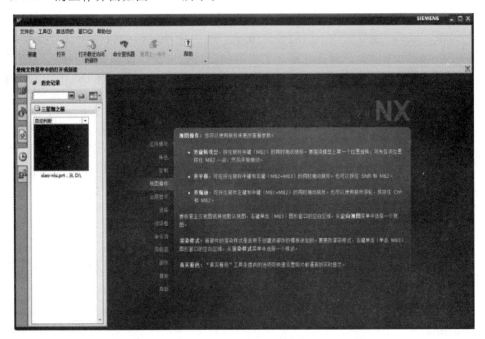

图 3-4 UG 软件界面

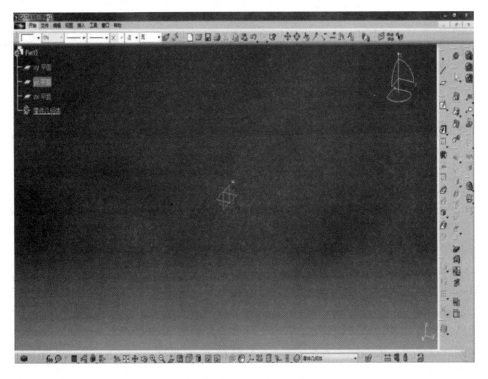

图 3-5 CATIA 的工作界面

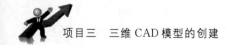

4. SolidWorks

SolidWorks 是世界上第一个基于 Windows 开发的三维 CAD 系统，它具有功能强大、易学易用和技术创新三大特点，这使得 SolidWorks 成为目前领先的、主流的三维 CAD 解决方案。SolidWorks 能够提供不同的设计方案，减少设计过程中的错误以及提高产品质量。SolidWorks 功能强大，而且对每个工程师和设计者来说，操作简单方便、易学易用，通过使用它设计师大大缩短了设计时间，使产品快速、高效地投向市场。SolidWorks 界面如图 3-6 所示。

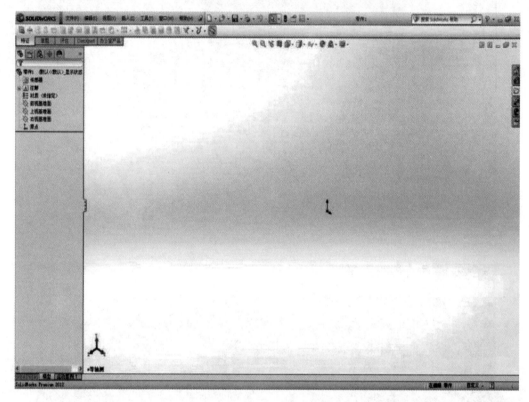

图 3-6　SolidWorks 界面

5. 3DS MAX

3DS MAX 是当今世界上销售量最大的三维建模、动画及渲染软件。可以说 3DS MAX 是最容易上手的 3D 软件，其最早应用于计算机游戏的动画制作，后被应用到影视片的特效制作。3DS MAX 界面如图 3-7 所示。

6. Maya

Maya 是世界顶级的三维动画软件，应用领域是专业的影视广告、角色动画、电影特技等。Maya 功能完善，使用灵活，易学易用，制作效率极高，渲染真实感极强，是电影级别的高端制作软件。Maya 售价高昂，可以极大地提高制作效率和品质，调节出仿真的角色动画，渲染出电影级别的效果。Maya 界面如图 3-8 所示。

7. 3D One Plus

上面介绍的商业化 3D 专业设计软件虽然功能强大，但学习门槛高，对于没有设计基础的人员来说相当不容易。3D One Plus 是面向学校教育以及个人爱好者的简单三维软件。

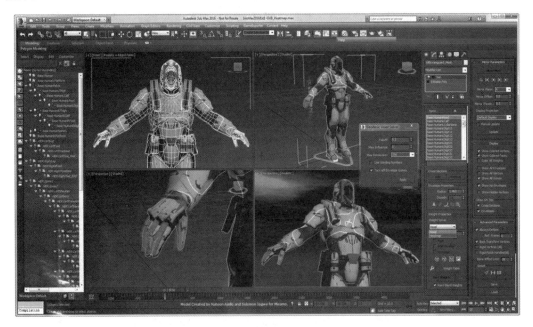

图 3 - 7　3DS MAX 界面

图 3 - 8　Maya 界面

　　3D One Plus 是国内首款青少年三维创意设计软件,具有更贴合启发青少年创新学习思维的 3D 设计功能,让创意轻松实现,还能一键输入 3D 打印机内嵌的学习、教学相关资源。3D One Plus 是能实现 360°任意建模的高级定制软件,让 3D 设计更强大。新添的

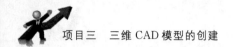

曲面造型和修补功能，极大地开拓了设计师的建模思路。3D One Plus 界面如图 3-9 所示。

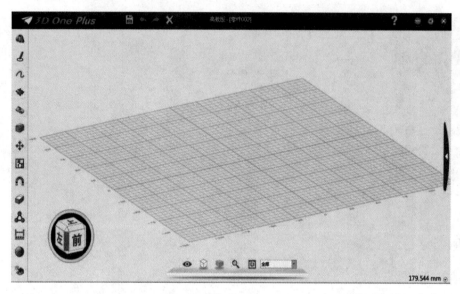

图 3-9　3D One Plus 界面

Pro/E、UG、CATIA、SolidWorks 是在特定领域中应用较为普遍的 3D 设计软件，3DS、Max、Maya、3D One Plus 是通用的、全功能性的 3D 打印软件。

任务实施

三、零件的三维建模实例

使用 3D One Plus 软件，制作阀体的三维模型，要求制作零件必须尺寸比例准确、结构表现到位。零件图纸如图 3-10 所示。

（一）建模思路

此零件为规则的阀体类零件，建模难点在于建模时的草图约束功能应用。

（二）建模步骤

1. 打开 3D One Plus 软件

（1）双击"3D One Plus"图标，打开 3D One Plus 软件。

（2）点击顶部工具栏＞"保存💾"，选择一个保存的位置，文件名为"阀体零件"。

2. 创建 3 个相互垂直的基准面

（1）点击左侧工具栏＞"插入基准面🔧"＞"插入 XY 平面◀"，偏移设置为 0，参数如图 3-11 所示，点击确定按钮✅完成创建。

（2）以同样的方法点击左侧工具栏＞"插入基准面🔧"＞"ZX 平面◀"以及"ZY 平面🔧"，偏移设置为 0，完成"ZX 平面"以及"ZY 平面"的创建。

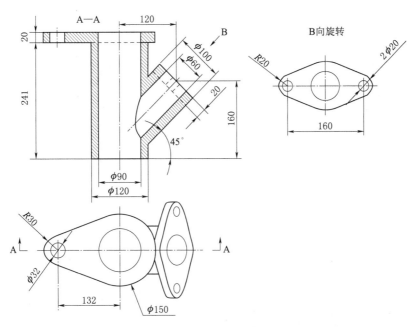

图 3-10　零件图纸（单位：mm）

至此，已完成创建 3 个相互垂直的基准平面，如图 3-12 所示。

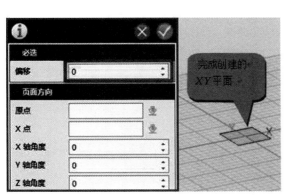

图 3-11　插入 XY 平面参数

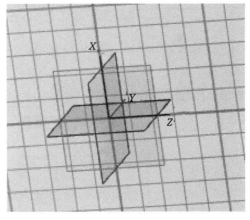

图 3-12　3 个相互垂直的基准平面

3. 创建圆形

（1）点击左侧工具栏＞"草图绘制🖋"＞"直线✏"，然后点击前一步骤创建的 ZX 平面（绿色）作为草绘平面，然后进入草绘环境，如图 3-13 所示。

（2）点击底部工具栏＞"查看视图👁"＞"自动对齐视图🗔"，视图自动摆正，方便做图。使用圆形工具 ◯ 绘制半径为 60mm 的圆形，如图 3-14 所示。点击确定按钮✔完成圆形绘制，再点击顶部完成按钮✅，退出草绘环境，完成圆形草图的绘制。

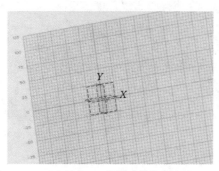
（a）选取*XY*平面作为草绘平面

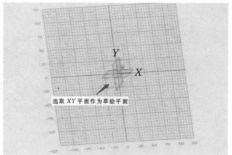
（b）网格自动对齐到新的草绘平面

图 3-13　圆形草绘环境

（a）圆形参数设置

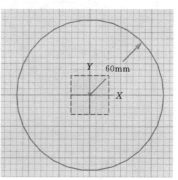
（b）圆形草图

图 3-14　绘制圆形

4. 拉伸圆形草图

点击左侧工具栏＞"特征造型 "＞"拉伸 "，参数设置如图 3-15 所示。点击确定按钮 完成拉伸。

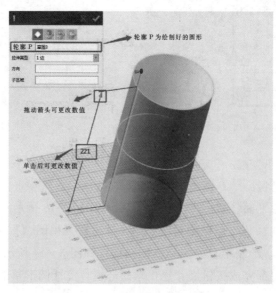

图 3-15　拉伸圆形草图参数

5. 创建顶面轮廓草图

点击左侧工具栏＞"草图绘制🖊"＞"圆形 ◯"，然后点击圆柱顶部作为草绘平面，然后进入草绘环境。顶面草绘环境如图 3-16 所示。

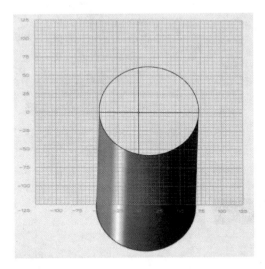

图 3-16　顶面草绘环境

使用圆形工具 ◯ 和直线工具 ⁄ 根据参数画出草图，顶面草图如图 3-17 所示。

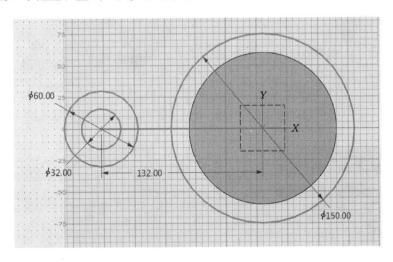

图 3-17　顶面草图（单位：mm）

左键单击直线，弹出两个快捷选择工具，选择约束。快捷工具如图 3-18 所示。

弹出参数对话框，如图 3-19 所示。

再选择直线，对话框出现三个选择，选择线水平约束，然后选择 ✔确认。约束选择对话框如图 3-20 所示。

画一条直线连接两个圆（近似相切），如图 3-21 所示。

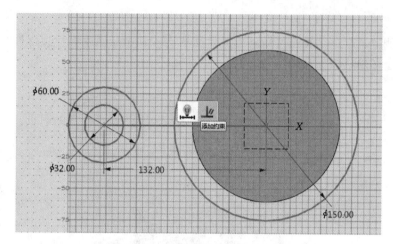

图 3-18　快捷工具（单位：mm）

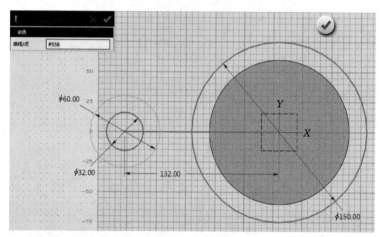

图 3-19　画直线参数对话框（创建顶面轮廓草图）（单位：mm）

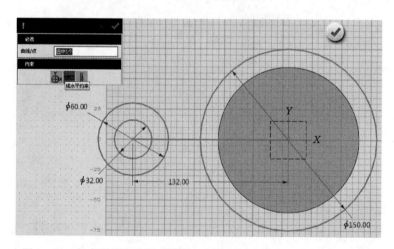

图 3-20　画直线约束选择对话框（创建顶面轮廓草图）（单位：mm）

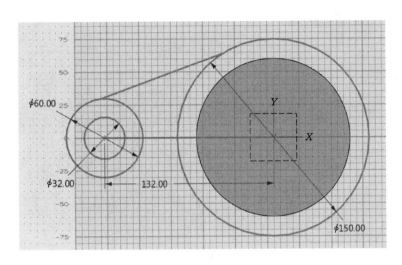

图 3-21　画直线（创建顶面轮廓草图）（单位：mm）

左键单击直线，弹出两个快捷选择工具，选择约束。快捷选择工具如图 3-22 所示。

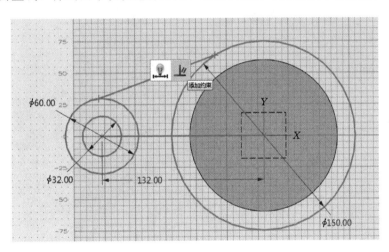

图 3-22　快捷选择工具（单位：mm）

弹出相切参数对话框，如图 3-23 所示。

接着选择直线与直径 150mm 的圆，对话框会出现两个选项，选择两曲线约束为相切，约束选择对话框如图 3-24 所示。

选择☑确认后直线会与直径 150mm 的圆相切，同理将直线与直径 60mm 的圆设置为相切，如图3-25 所示。

点击左侧工具栏＞基本编辑✛＞镜像┆┝，参数设置如图 3-26 所示，选取镜像线后完成镜像。

点击左侧工具栏＞"草图编辑▢"＞"单击修剪⊬"，单击到的线段会被修剪，将不需要的曲线跟线段修剪，线段修剪如图 3-27 所示。

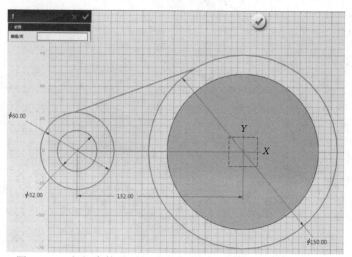

图 3 - 23 相切参数对话框（创建顶面轮廓草图）（单位：mm）

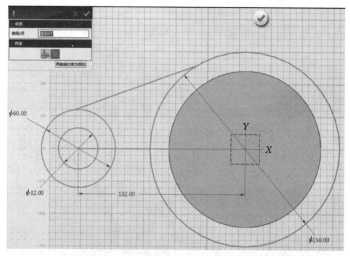

图 3 - 24 相切约束选择对话框（创建顶面轮廓草图）（单位：mm）

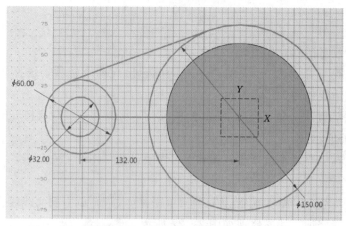

图 3 - 25 画相切直线（创建顶面轮廓草图）（单位：mm）

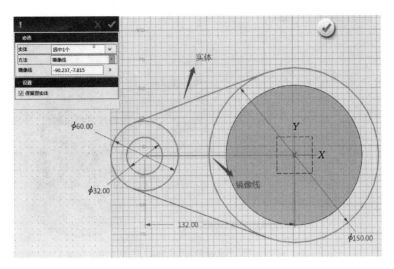

图 3-26 参数设置（创建顶面轮廓草图）（单位：mm）

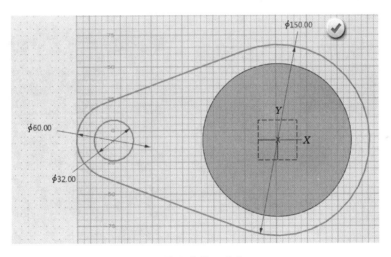

图 3-27 线段修剪（单位：mm）

6. 拉伸顶面草图轮廓

单击✔退出草图，点击左侧工具栏＞"特征造型🌐"＞"拉伸🔲"，参数设置如图 3-28 所示，点击绿色的确定按钮✔完成拉伸。

7. 绘制侧面轮廓草图

点击左侧工具栏＞"草图绘制✏"＞"直线✒"，然后点击之前创建的 XZ 平面作为草绘平面，然后进入草绘环境。侧面草绘环境如图 3-29 所示。

8. 旋转轮廓线草图

绘制旋转轮廓线草图如图 3-30 所示。

点击左侧工具栏＞"基本编辑✛"＞"旋转🔄"，参数设置如图 3-31 所示。

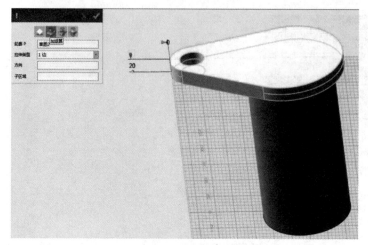

图 3-28 参数设置（拉伸顶面草图轮廓）（单位：mm）

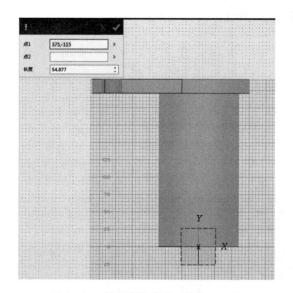

图 3-29 侧面草绘环境（单位：mm）

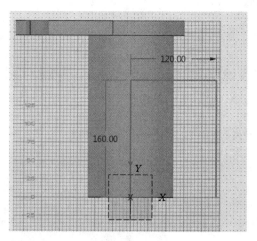

图 3-30 旋转轮廓线草图（单位：mm）

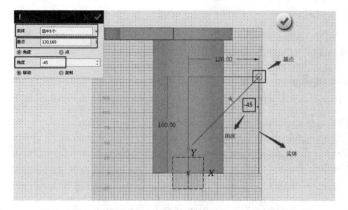

图 3-31 参数设置（旋转轮廓线草图）（单位：mm）

然后从斜线的端点画一条垂直于斜线，长度为50mm的直线，垂直斜线如图3-32所示。

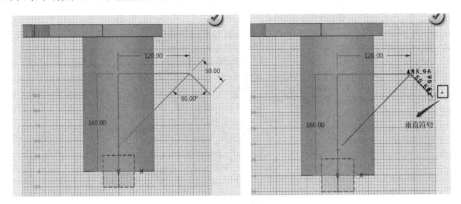

图3-32　垂直斜线（单位：mm）

然后完成草图。带辅助线草图如图3-33所示。

修剪不需要的辅助线，而后退出草图。不带辅助线草图如图3-34所示。

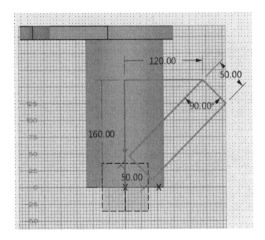

图3-33　带辅助线草图（单位：mm）

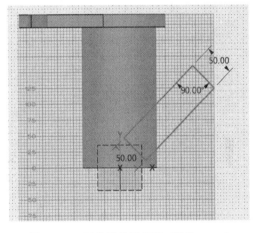

图3-34　不带辅助线草图（单位：mm）

9. 旋转草图轮廓

单击 ✅ 退出草图，点击左侧工具栏＞"特征造型 🐟"＞"旋转 🔩"，参数设置如图3-35所示，选择 ✅ 确认后完成旋转。

10. 创建侧面轮廓草图

点击左侧工具栏＞"草图绘制 ✍"＞"圆形 ⭕"，然后点击斜圆柱顶部作为草绘平面，然后进入草绘环境，如图3-36所示。

用直线 ✏、圆形 ⭕、快速标注 💡画出草图，如图3-37所示。

对草图进行约束，如图3-38所示。

画一条连接两个圆的直线（近似相切），然后约束直线相切于两个圆，如图3-39所示。

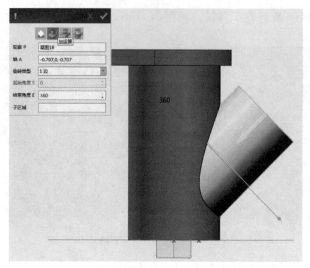

图 3-35　参数设置（旋转草图轮廓）

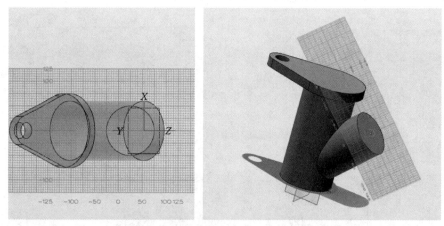

图 3-36　圆柱顶部草绘环境（单位：mm）

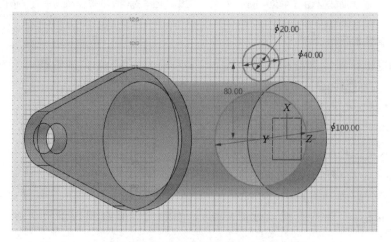

图 3-37　过程中的草图（创建侧面轮廓草图）（单位：mm）

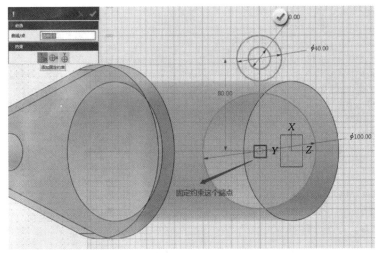

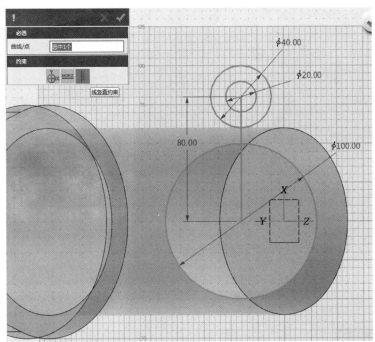

图 3-38 进行约束的草图（单位：mm）

然后使用之前使用过的步骤完成草图，如图 3-40 所示。

单击 ✔ 退出草图，点击左侧工具栏＞"特征造型 🖥"＞"拉伸 📦"，参数设置如图 3-41 所示，点击确定按钮 ✔ 完成拉伸。

11. 拉伸切割圆柱

点击左侧工具栏＞"草图绘制 ✏"＞"圆形 ○"，然后点击圆柱底部作为草绘平面，然后进入草绘环境。圆柱底部草绘环境如图 3-42 所示。

对正视图后，单击右键弹出选项栏，选择曲率中心，再选择圆柱的轮廓线确定要绘制圆的圆心位置，再更改半径或直径数值按回车键即可。过程中的草图如图 3-43 所示。

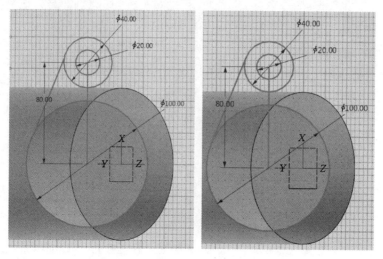

图 3-39　画直线草图（单位：mm）

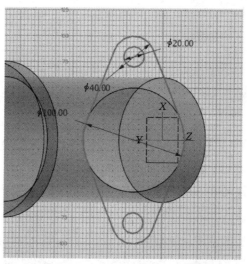

图 3-40　完成草图（单位：mm）

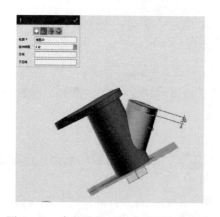

图 3-41　参数设置（创建侧面轮廓草图）

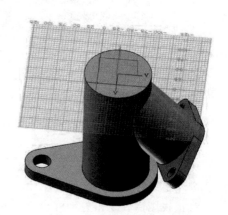

图 3-42　圆柱底部草绘环境

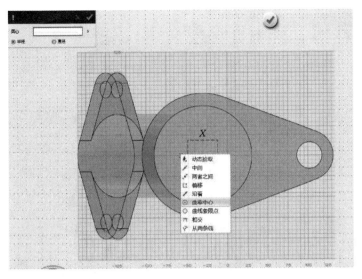

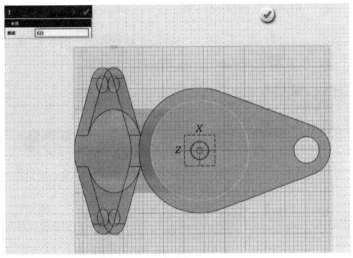

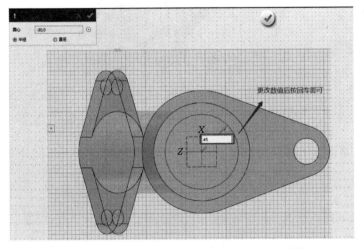

图 3-43（一）　过程中的草图（拉伸切割圆柱——圆柱底面）

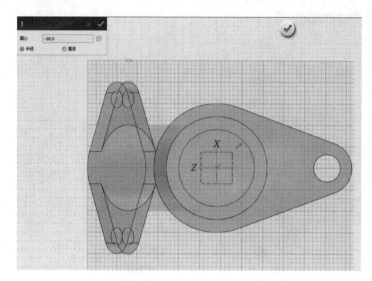

图 3-43（二） 过程中的草图（拉伸切割圆柱——圆柱底面）

单击 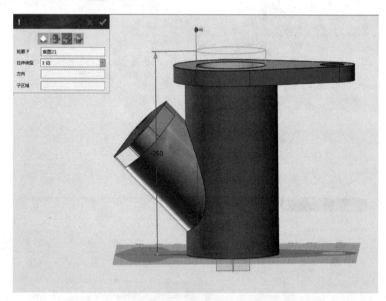退出草图，点击左侧工具栏＞"特征造型 🔲"＞"拉伸 🔲"，参数设置如图 3-44 所示，点击确定按钮 ✓ 完成拉伸。

图 3-44 参数设置（拉伸切割圆柱——圆柱侧面）（单位：mm）

点击左侧工具栏＞"草图绘制 ✏"＞"圆形 ○"，然后点击斜圆柱顶部作为草绘平面，然后进入草绘环境。斜圆柱顶部草绘环境如图 3-45 所示。

同理绘制一个直径 60mm 的圆，过程中的草图如图 3-46 所示。

单击 退出草图，点击左侧工具栏＞"特征造型 🔲"＞"拉伸 🔲"，参数设置如图 3-47 所示，点击确定按钮 ✓ 完成拉伸。

图 3-45 斜圆柱顶部草绘环境

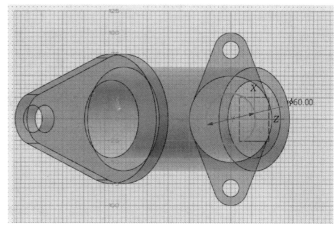

图 3-46 过程中的草图（拉伸切割圆柱——圆柱侧面）（单位：mm）

最终完成零件绘制，如图 3-48 所示。

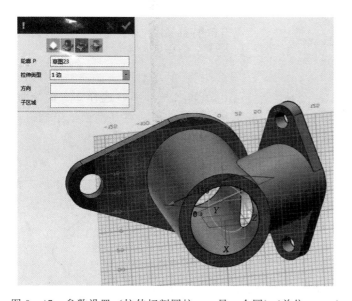

图 3-47 参数设置（拉伸切割圆柱——另一个圆）（单位：mm）

图 3-48 零件模型

四、智能音响的三维建模实例

智能蓝牙音响通过无线的形式传播音乐，能给我们带来近乎无损的音质体验，其使用便利，是目前最主流的听音产品。本项目使用 3D One Plus 软件对蓝牙智能音响做简单的外观设计。

（一）建模思路

智能蓝牙音响结构相对简单，比较难的环节是草图绘制。草图中的数据约束和修剪是建模的关键，用旋转命令时需注意设置旋转中心。

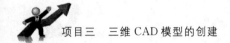

（二）建模步骤

1. 软件界面变换

打开 3D One Plus 软件，点击右上角的问号 ![?]，点击样式找到专业界面，选择专业界面，此时软件为专业模式，相对经典界面多了很多命令。

2. 主体草图绘制

点击 ![图标] 插入基准面，选择 YZ 基准面。在平面上创建基准面，在基准面上绘制音箱主体草图，如图 3-49 所示。

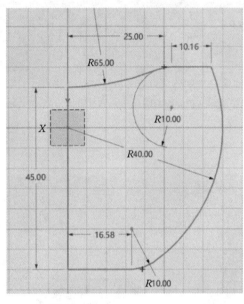

图 3-49　音箱主体草图（单位：mm）

3. 草图旋转

点击 ![图标] 特征造型中的 ![图标] 旋转命令，旋转 360°。音箱主体如图 3-50 所示。

4. 上部草图绘制

点击 ![图标] 插入基准面，选择 YZ 基准面。在平面上创建基准面，在基准面上绘制音箱导音架草图，如图 3-51 所示。

5. 上部主体旋转

点击 ![图标] 特征造型中的 ![图标] 旋转命令，将草图旋转 360°。旋转草图如图 3-52 所示。

6. 修剪上部主体

点击 ![图标] 插入基准面，选择 YZ 基准面。在平面上创建基准面，在基准面上绘制修剪基准草图，如图 3-53 所示。

点击 ![图标] 特征造型中的 ![图标] 拉伸命令拉伸草图，点击 ![图标] 减运算命令，用拉伸矩形去裁剪音箱上盖的一半，同理可裁剪音箱上盖的另一半，修剪上部主体如图 3-54 所示。

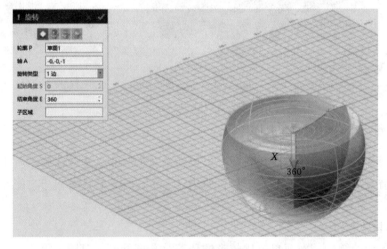

图 3-50　音箱主体

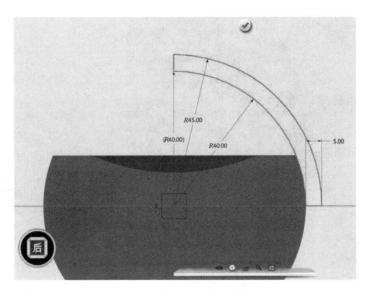

图 3-51　音箱导音架草图（单位：mm）

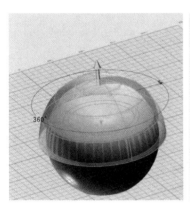

图 3-52　旋转草图

图 3-53　修剪基准草图（单位：mm）

7. 椭球体创建

点击 基本实体中的 椭球体命令。输入参数后，创建音箱"耳朵"的椭圆体，如图 3-55 所示。

8. 椭圆体镜像

点击 插入基准面，选择 XZ 基准面，在平面上创建基准面。再点击 基本编辑中的 镜像命令，创建另一个椭圆体，如图 3-56 所示。

9. 细节草图绘制

点击 插入基准面，选择 YZ 基准面。

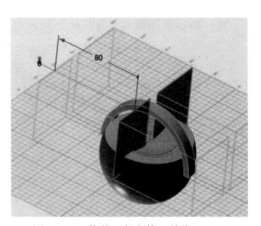

图 3-54　修剪上部主体（单位：mm）

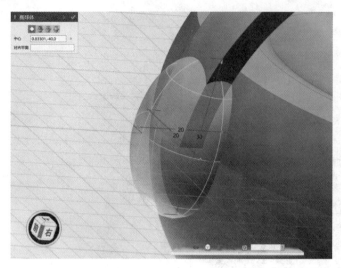

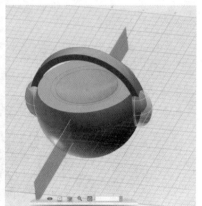

图 3-55 创建音箱"耳朵"的椭圆体 　　　　　　图 3-56 创建另一个椭圆体

在平面上创建基准面，在基准面上绘制导音锥截面草图，如图 3-57 所示。

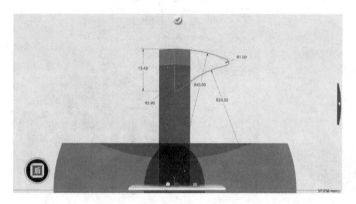

图 3-57 导音锥截面草图（单位：mm）

10. 细节旋转

点击 ⬚ 特征造型中的 ⬚ 旋转命令，将草图旋转 360°。导音锥创建如图 3-58 所示。

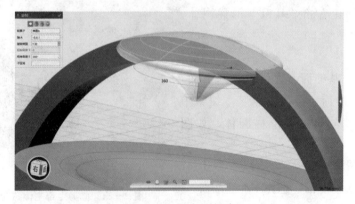

图 3-58 导音锥创建

11. 添加颜色和渲染

点击⬤颜色命令，进行模型上色渲染，最终效果图如图3-59所示。

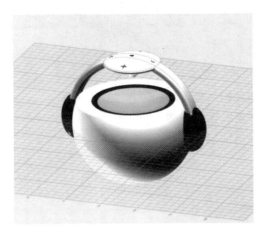

图3-59 最终效果图

 课后习题

1. 3D One Plus 的主要特征有哪些？

2. 三维建模构造方法是怎样的？

3. 思考图3-60中几个模型分别需要用到3D One Plus 软件的哪些特征？又有几种组合方案？分别是什么？

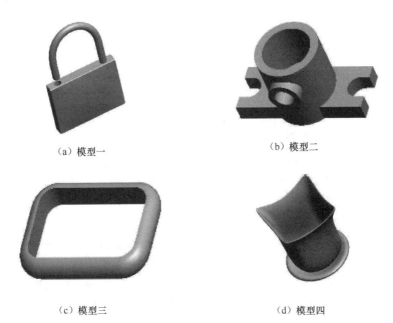

（a）模型一　　　　　　　　　　　（b）模型二

（c）模型三　　　　　　　　　　　（d）模型四

图3-60 零件模型实例

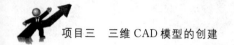

4. 从身边的实物中寻找复杂模型，练习 3D One Plus 建模的基本应用。

任务二　逆　向　建　模

1. 掌握逆向工程常用数据采集设备的原理。
2. 掌握数据处理的方法及操作步骤。
3. 熟悉正、逆向建模的区别。

随着市场竞争的日益加剧，如何快速设计出新颖的产品成为主要的竞争点。在此情况下，逆向建模就有明显的优势。本任务是根据已有产品，获得产品点云数据，并进行逆向建模。

随着工业技术的进步以及经济的发展，在消费者高质量的要求下，功能上的需求已不再是赢得市场的唯一条件。产品不仅要具有先进的功能，还要有流畅、富有个性的产品外观，以吸引消费者的注意。另外，随着市场竞争的加剧，为了快速地响应市场，产品的周期越来越短，企业界对新产品的开发力度也得到不断加强。传统的产品开发模式受到挑战。

为适应现代先进制造技术的发展，需要将实物样件或手工模型转化为 CAD 数据，以便利用 3D 打印技术、CAM 以及产品数据管理（product data management，PDM）等先进技术对其进行处理和管理，并进行进一步的修改和再设计优化。此时，就需要一个一体化的解决手段实现从样品到数据再到样品。

逆向工程（reverse engineering，RE）也称反求工程、反向工程，它为制造业提供了一个全新、高效的重构手段。逆向建模作为其核心步骤，与正向建模的本质区别在于设计是从哪里开始的，正向建模与逆向建模过程如图 3-61 所示。

逆向建模有以下核心步骤：

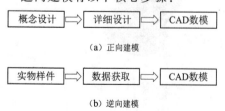

图 3-61　正向建模与逆向建模过程

（1）三维数据测量：普遍采用三坐标测量机或激光扫描仪来采集物体表面的空间坐标值。

（2）测量数据处理：依据数据的属性进行分割，再采用对几何特征的识别方法来分析物体的设计及加工特征。

（3）三维模型重构：利用 CAD 软件，把分割后的三维数据做表面模型的拟合，得出实物的三维模型。

一、三维数据测量

数据采集是逆向工程建模的第一步，它是用一定的设备对实物进行测量来获取实物的表面数据（有时也包括内部数据）。测量的方法有很多，不同的方法测量设备不同，主要有三坐标测量机、三维扫描仪、工业CT等。

（一）三坐标测量机

三坐标测量机（coordinate measuring machining，CMM）是指具有在三维可测的空间范围内，能够根据测量系统返回的点数据，通过三坐标的软件系统计算各类几何形状、尺寸等能力的仪器，又称为三坐标测量仪或三坐标量床。其主要是由工作台、侧头、中央滑块等结构组成，三坐标测量机如图3-62所示。它的基本原理是将各被测几何元素的测量转化为对这些几何元素上一些点坐标位置的测量，在测得这些点的坐标位置后，再根据这些点的空间坐标值，经过数学运算求出其尺寸和形位误差。

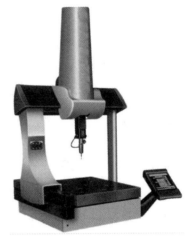

图 3-62　三坐标测量机

（二）三维扫描仪

三维扫描仪用扫描的原理，通过记录被测物体表面大量密集点的三维坐标、反射率和纹理等信息，可快速复建出被测目标的三维模型及线、面、体等各种图件数据。三维激光扫描技术又被称为实景复制技术，是测绘领域继全球定位系统（global position system，GPS）技术之后的又一次技术革命。它突破了传统的单点测量方法，具有高效率、高精度的独特优势。三维扫描技术能够提供扫描物体表面的三维点云数据，因此可以用于获取高精度、高分辨率的数字地形模型。三维扫描仪按照扫描成像方式可分为单点扫描仪、线列扫描仪和面列扫描仪。而按照不同工作原理来分类，可分为脉冲测距法和三角测距法。三维扫描技术应用于逆向工程如图3-63所示。三维扫描仪工作原理如图3-64所示。

图 3-63　三维扫描技术应用于逆向工程

拍照式三维扫描仪采用结合结构光技术、相位测量技术、计算机视角技术的三维非接触式测量方式，测量时光栅（光点）装置投射数幅特定编码的结构光线（点）到待测物体

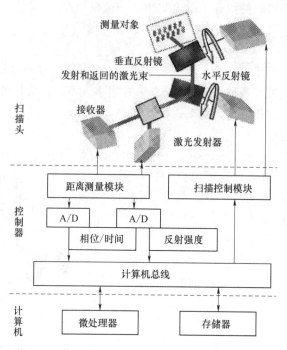

图 3-64 三维扫描仪工作原理

上，成一定夹角的两个（或多个）摄像头同步采得相应图像，然后对图像进行相位解码计算，并利用匹配技术、三角形测量原理，计算出两个（或多个）工业相机公共视场内物体表面像素的三维坐标。其中手持式三维扫描仪如图 3-65 所示。

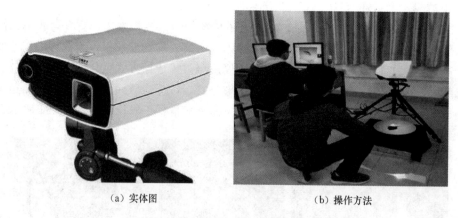

（a）实体图   （b）操作方法

图 3-65 手持式三维扫描仪

（三）工业 CT

工业 CT 能在对检测物体无损伤的情况下，以二维断层图像或三维立体图像的形式，清晰、准确、直观地展示被检测物体的内部结构、组成、材质及缺损状况，主要应用于工业在线过程的实时检测和大型工业部件的探查。工业 CT 利用的是具有一定能量和强度的 X 射线或 γ 射线在被检测物体中的减弱和吸收特性。首先探测器测量射线透过物体的强度变化（即探测器计数变化），然后将其输入计算机，通过 CT 图像重建运算，重组出被检测部位的横断面图像，即获得该层上下无重叠、对比度很高的清晰图像。工业 CT 工作原理如图 3 - 66 所示。

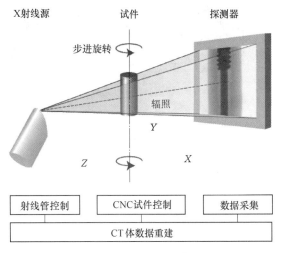

图 3 - 66 工业 CT 工作原理

二、测量数据处理

产品外形数据是通过坐标测量机（三坐标测量机、三维扫描仪等）获取的，所获得的数据是大量的离散点，通常将这些大规模的离散测量点称为点云。无论是接触式的数控测量机还是非接触式的激光扫描仪，都不可避免地会引入数据误差，尤其是对于尖锐边和产品边界附近的测量数据。测量数据中的坏点可能会使该点及其周围的曲面偏离原曲面。另外，当采用三维扫描仪采集数据时，曲面测量会产生大量的数据点，因此在造型之前应对数据进行精简。以 Geomagic Wrap 软件为例，Geomagic Wrap 软件的工具箱包含了点云和多边形编辑功能以及强大的造面工具，它们能够帮助用户更快地创建高质量的 3D 模型。Geomagic Wrap 软件能够将 3D 扫描数据和导入的文件直接转换为 3D 模型用于下游处理。工程、艺术、考古、制造业等行业的工作人员都可以使用 Geomagic Wrap 软件将扫描数据和 3D 文件转换为逆向工程 3D 模型。

下面以直升机外壳件为例，讲解 Geomagic Wrap 软件数据处理的一般思路。

1. 点云着色

点击着色，着色点云，如图 3 - 67 所示。其作用是在点云上开启照明和彩色效果，以帮助用户观察几何形状。

2. 删除非连接点、删除体外孤点

对点云数据进行进一步处理，点击选择-非连接项，将远离主点云的孤岛自动识别选中。其作用是评估点的邻近性并选择与其他点组相距遥远的一组点。红色数据表示被选中数据，点击✕删除。点击选择—体外孤点，体外孤点与非连接项很相似，但与非连接项不同的是，体外孤点是单独的点。分割参数表示点与点之间的关系，体外孤点功能是通过一

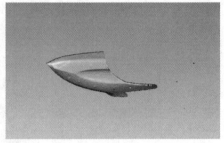

图 3-67 着色点云

个敏感度参数来分析每个点与它邻近点的关系。其作用是选择与其他多数点保持一定距离的点。删除非连接点、删除体外孤点如图 3-68 所示。

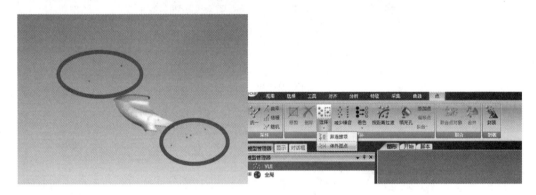

图 3-68 删除非连接点、删除体外孤点

3. 数据封装

对点云数据进行封装,封装成三角形面片。封装功能是通过在点对象上联结点来创建三角形面。封装的指令取决于封装点云的质量。多边形对象的三角形通常是指一个网格。其作用是将点云转换为网格,以将点对象转换成多边形对象。数据封装如图 3-69 所示。

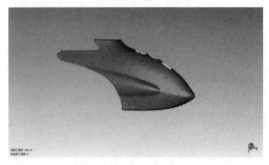

图 3-69 数据封装

4. 网格医生修复

点击软件多边形模块修补命令中的网格医生。网格医生针对除预选多边形外的所有多边形进行分析,网格医生能够修复大多数的网格错误但是并不能修复所有错误。在使用网

格医生的时候，需要注意对边缘地方的保护。其作用是自动修复多边形网格内的缺陷。网格医生修复如图 3-70 所示。

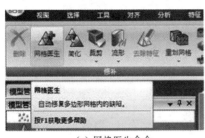
（a）网格医生命令

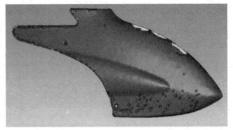
（b）修复后的模型

图 3-70　网格医生修复

5. 去除特征

去除特征操作如图 3-71 所示，选取模型中表面凸起或者出现明显三角网格的部位，点击去除特征命令，对特征明显的区域进行平滑。其作用是删除选择的三角形并填充产生的孔。

（a）表面凸起部分去除特征后效果

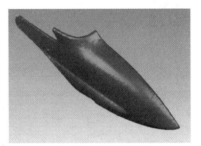
（b）填充孔后变得平滑

图 3-71　去除特征操作

6. 填充孔

针对直升机外壳数据破损部分，可以采用填充孔命令。填充孔有全部填充和填充单个孔两种。其中：全部填充就是系统自动识别孔洞，一次性填充所有的边界孔；填充单个孔则是一次操作可以单独填充一个孔。使用者可以在填充单个孔时根据孔的边界形态选择不同的填充方法。填充孔如图 3-72 所示。

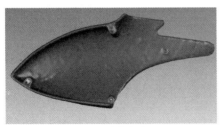
（a）全部填充

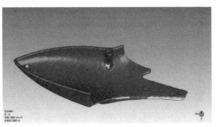
（b）填充单个孔

图 3-72　填充孔

7. 删除钉状物

删除钉状物的作用是检测并展平多边形网格上的单点尖峰。平滑级别决定删除钉状物

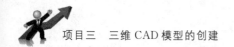
的程度，数据良好的情况下可选取中值或不使用此项。删除钉状物选项如图3-73所示。

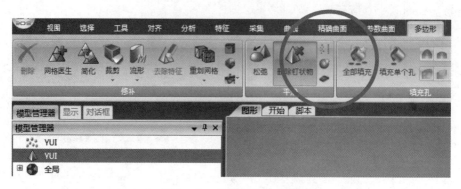

图3-73 删除钉状物选项

8. 减少噪音

减少噪音命令是通过移动点使封装点云后得到一个平整的多边形。这个命令可以将粗糙的点云压缩生成一个平滑的多边形面对象，将点移至统计的正确位置以弥补扫描误差（噪声）。通过减少噪音命令，点的排列会更平滑。减少噪音选项如图3-74所示。

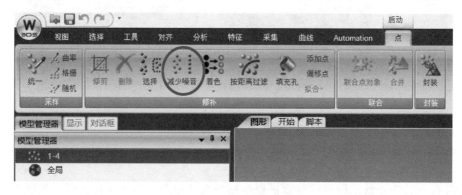

图3-74 减少噪音选项

三、三维模型重构

由于后续的产品快速制造、产品再设计都需要三维模型能还原实物，因此，实物的三维模型重构是逆向工程中最关键、最复杂的环节。点云数据经模型重构成三维CAD模型。整个环节具有工作量大、技术性强的特点，同时工作的进行受设备硬件和操作者两个因素的影响。在模型重构之前，应详细了解模型的前期信息和后续应用要求，以选择正确有效的造型方法、支撑软件、模型精度和模型质量。前期信息包括实物样件的几何特征、数据特点等；后续应用包括结构分析、加工、制作模具、快速成型等。

Geomagic Design X、UG、Pro/E、imageware是现在常用的逆向建模软件，其中Geomagic Design X（原Rapidform XOR）是全面的逆向工程软件，结合基于历史树的CAD数模和三维扫描数据处理，使用者能创建出可编辑、基于特征的CAD数模，并与现有的CAD软件兼容。Geomagic Design X通过最简单的方式采用3D扫描仪采集的数据创建出可编辑、基于特征的 CAD 数字模型，并将它们集成到现有的工程设计流程中。Geomagic Design X 可以缩短从研发到完成设计的时间，从而可以在产品设计过程中节省数天甚至数周的时间。对于扫描原型，现有的零件、工装零件及相关部件，以及创建设计来说，Geomagic Design X 可以在短时间内实现手动测量并创建 CAD 模型。模型重构如图 3-75 所示。

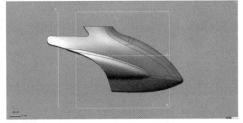

（a）三角网格数据图　　　　　　（b）三维模型

图 3-75　模型重构

下面同样以直升机外壳件为例，讲解 Geomagic Design X 软件的三级模型重构流程及常用功能命令。

Geomagic Design X 模型重构的主要思路是：首先导入三角网格数据进行领域的划分编辑；然后进行创建领域，拟合曲面，裁剪曲面、放样，曲面加厚，缝合、实体化等技术操作，得到高质量的点云或多边形对象。

1. 导入三角网格数据

打开 Geomagic Design X 软件，导入的三角网格 stl 文件。

2. 创建领域

单击菜单栏中的"毛刷" 按钮，将数据合理划分领域，选中数据并插入 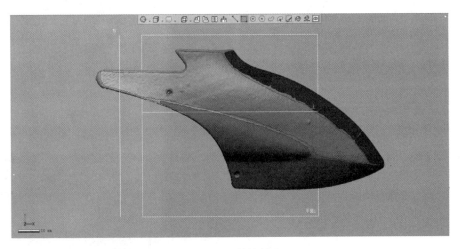，领域创建如图 3-76 所示。

图 3-76　领域创建

3. 拟合曲面

通过选择模式选回直线模式 ◥ (注意毛刷选择模式是不能选中平面、领域、实体等特征的),点击一个领域进行面片拟合。许可偏差决定了拟合面片与所选领域数据的最大偏差,同时决定了面片的偏差精度;而平滑级别决定了拟合面片的光顺程度。许可偏差和平滑是一对矛盾,许可偏差越小拟合面片偏差越小,但是面片相对不太光滑;而平滑越大,面片越光滑,但是许可偏差会相对增大。拟合曲面如图 3-77 所示。

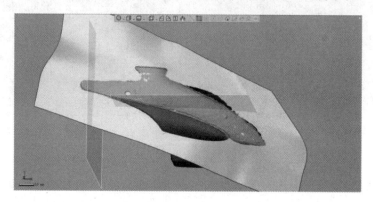

图 3-77 拟合曲面

4. 裁剪曲面、放样

由于拟合出来的面片两两之间是分开的,因此可以通过修剪面片和两两面片之间放样的方式来把零碎的面片合成为一个整体。修剪后的曲面如图 3-78 所示。还可以在草图上画直线以作为投影线用以修建曲面,点击菜单栏"草图"命令切换至草图工具栏。通过选择与直线同侧的曲面,以直线为工具对象,保留与直线同侧的曲面。放样后的曲面,如图 3-79 所示。

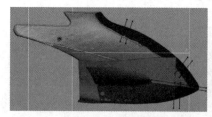

图 3-78 修剪后的曲面

5. 曲面加厚

进过一系列的曲面裁剪、放样,将多余的曲面裁剪去除,曲面与曲面间进行放样操作,得到一个完整的曲面。将面片加厚,得到完整的模型。完整曲面如图 3-80 所示。

6. 缝合、实体化

将加厚后的曲面缝合成实体,得到完整的实体模型,如图 3-81 所示。

图 3-79 放样后的曲面

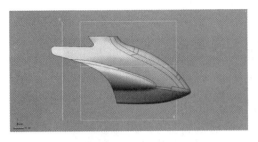

图 3-80　完整曲面

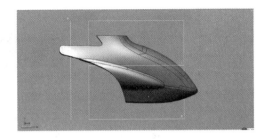

图 3-81　实体模型

任务实施

四、人像艺术品逆向建模实例

采用三维扫描仪获取人像艺术品的三维数据，方便建档保存。要求数据完成、特征清晰。

(一)三维数据测量

取出扫描垫平铺开，将扫描头与电动转台放置于扫描垫上。正确连接数据线至指定端口，取出校准本架设在转盘中间位置。扫描安装调试好的状态如图 3-82 所示。

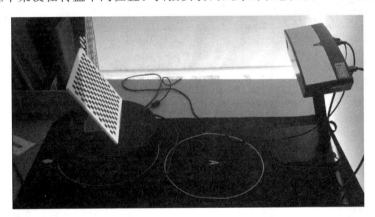

图 3-82　扫描安装调试好的状态

将标定板放置于转台中心。点击"标定"指令图标，进入"开始标定"模式，软件将自动开始标定。标定 100% 完成后，点击"确定"指令图标即可。扫描仪的自动校准如图 3-83 所示。

拿下标定板，将石膏像被测物放置于转台中心。进入扫描模式，选择扫描模式为"白光模式"，选择扫描方式为"多次融合扫描"，最后点击"下一步"进入测光模式。放置扫描物体与扫描模式设置如图 3-84 所示。

在测光模式下，点击"测光"命令，软件将自动对模型表面反光情况进行计算，并对高光、暗区进行显示。物体表面测光与测量结果如图 3-85 所示。

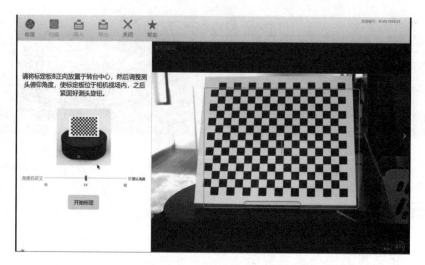

图 3-83 扫描仪的自动校准

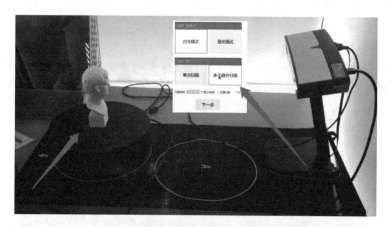

图 3-84 放置扫描物体与扫描模式设置

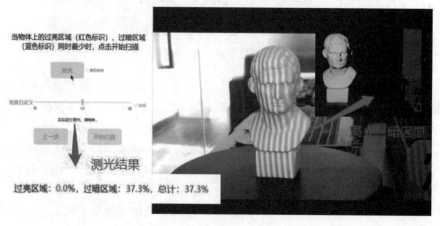

图 3-85 物体表面测光与测量结果

在测量结果无误后点击"开始扫描"命令，转台将自动旋转对模型进行一周 6 个拍照扫描。石膏像自动扫描如图 3－86 所示。

图 3－86　石膏像自动扫描

在扫描完成后软件将自动进行数据融合处理，处理完成后会显示"第 1 个单面扫描完成"字样，第 1 次扫描完成如图 3－87 所示。再点击"继续扫描"命令进入姿态 2 扫描转台。

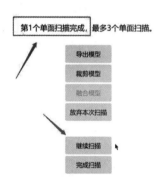

图 3－87　第 1 次扫描完成

把模型横放于转台正中间区域，对模型的顶部与底部进行扫描，点击"测光"进入扫描前的测光。测光结束后点击"开始扫描"，开始姿态的自动扫描。姿态 2 雕塑背面顶部与底部的扫描如图 3－88 所示。

在扫描完成后软件将自动进行数据融合处理，处理完成后会显示"第 2 个单面扫描完成"字样。

再选择"融合模型"命令，软件将自动融合第 1 次扫描与第 2 次扫描点云。第 1 次扫描与第 2 次扫描点云数据融合如图 3－89 所示。

在融合完成后，软件会弹出融合后的效果，如图 3－90 所示。可以旋转视图查看哪些区域数据缺失，选择"继续扫描"进行第 3 次扫描。

图 3 - 88　姿态 2 雕塑背面顶部与底部的扫描

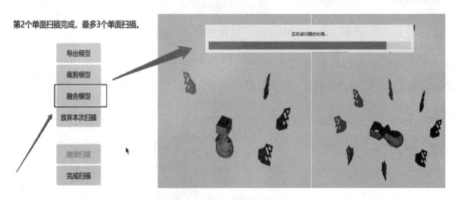

图 3 - 89　第 1 次扫描与第 2 次扫描点云数据融合

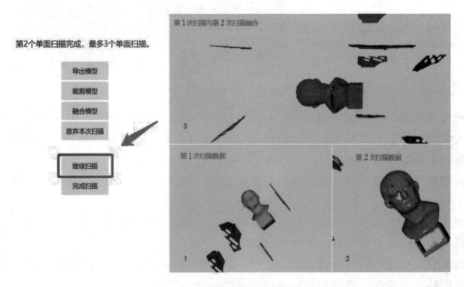

图 3 - 90　扫描数据融合效果

　　把模型横放至转台正中间区域，对模型的顶部与底部进行扫描，点击"测光"进入扫描前的测光。测光结束后点击"开始扫描"，开始姿态3的自动扫描，姿态3雕塑正面顶部与底部的扫描如图3-91所示。

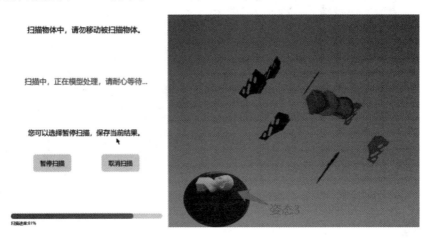

图3-91　姿态3雕塑正面顶部与底部的扫描

　　在扫描完成后点击"融合模型"进行第3次扫描数据融合。在融合模型后点击"完成扫描"命令进入到点云编辑界面。融合后数据编辑如图3-92所示。

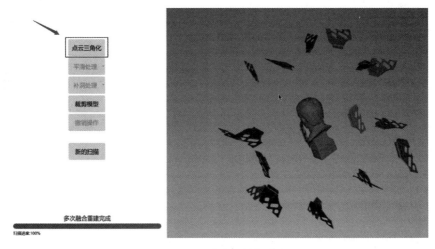

图3-92　融合后数据编辑

　　在数据编辑界面选择"点云三角化"封装点云为STL。选择"平滑处理"命令，平滑系数调至最低，点击"执行"（根据模型实际情况选做"平滑处理"步骤）。点云平滑处理如图3-93所示。

　　选择"裁剪模型"命令，裁剪模型底座。鼠标拖动调节裁剪面位置，再选择"完

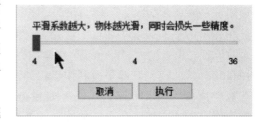

图3-93　点云平滑处理

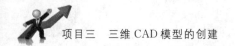

成裁剪",最后选择"补洞处理",补洞方式选择"按平面",点击"执行"操作。模型的裁剪如图 3-94 所示。

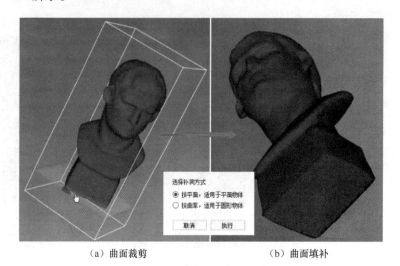

（a）曲面裁剪　　　　　　　　　　　（b）曲面填补

图 3-94　模型的裁剪

再选择"📷导出"命令输出文件名,格式选择"∗.stl",在导出模型时简化比例填写为"100"。模型输出参数设置如图 3-95 所示。

图 3-95　模型输出参数设置

（二）Geomagic Wrap 软件点云数据处理

Geomagic Wrap 软件点云数据处理的主要思路是:首先导入点云数据进行着色处理以更好地显示点云;然后进行去除非连接项、去除体外孤点、减少噪声、统一采样、封装等技术操作,得到高质量的点云或多边形对象。

1. 导入模型

打开 Geomagic Wrap 软件,导入点云文件。

2. 点云数据处理

将输出的模型导入 Geomagic Wrap 软件中,在"多边形"的选项卡中选择"🔵平面裁剪"命令。雕像的数据导入与裁剪命令选取如图 3-96 所示。

在弹出的平面截取对话框中设置为"系统平面",通过调节位置度的数字来控制截取平面的位置。设置度为"75mm"。在操作栏中依次选择"平面截面"→"删除所选择的"→"封闭相交面"。模型底部平面制作步骤如图 3-97 所示。

最后选择"🔴网格医生"命令对模型整体进行检查,在弹出的对话框中勾选所有的检测,再点击"应用"命令让软件自动处理存在问题,确保所有项变成"0"。模型自检如图 3-98 所示。

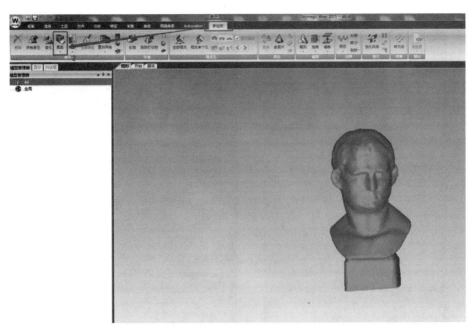

图 3-96　雕像的数据导入与裁剪命令选取

 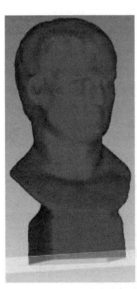 

（a）步骤一：设置截面位置度　　（b）步骤二：删除多余部分　　（c）步骤三：封闭截取底面

图 3-97　模型底部平面制作步骤

3. STL 文件输出

点击"保存"命令，设置文件名为"雕塑"，保存类型选择 "STL(binary) 文件 (*.stl)"，输出数据。

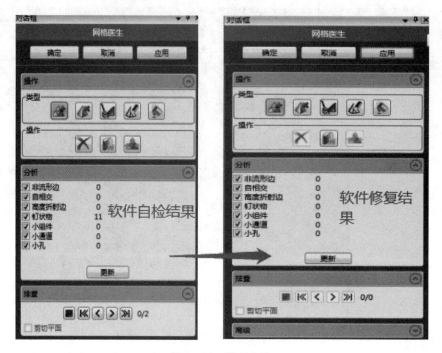

图 3-98　模型自检

五、电话听筒逆向设计案例

某公司生产的电话座机，外观时尚，做工精湛，在市场上受客户青睐。但随着市场的发展部分元器件厂商倒闭，已经不能提供原型号的发射器、接收器，以及其他配件。对此，该公司在综合调研之后决定采用原有元器件的替换产品。要求对原有元器件进行外观扫描，并参考原有元器件尺寸对听筒做内部结构开发设计。

要求测绘并且反求产品的工程曲面，并在此基础上，合理拆分上下盖，设计内部结构，包含定位结构、加强筋等。上下盖壁厚应为 1.5~3mm。

(一) 电话听筒外形数据采集

1. 电话听筒数据采集前期工作

具体工作步骤：首先，找到指定的喷粉区域，站在上风口将显像剂摇一摇，然后试喷感受出粉量；再被喷物体表面均匀喷洒层粉末。切记要均匀喷涂，不能对着一部分区域喷太久，这可能会造成粉末积层，影响物体表面质量，加大数据误差。同时在喷完后去拿物体时应避免特征区域粉末被蹭掉以至于扫描不了数据。选择直径为 5mm 的标志点，在电话听筒侧面贴 4~5 个标志点，电话听筒喷粉处理如图 3-99 所示。

打开 Win3DD-Wrap 软件后，点击采集菜单栏"扫描"命令，再点击该图标即可启动运行 Win3DD-Wrap 三维扫描系统。

首先新建一个工程，如图 3-100 所示。在视图菜单中选择"标定/扫描"命令，调节光栅和平台至合适的扫描距离，调节扫描仪至扫描状态如图 3-101 所示。

图 3 - 99　电话听筒喷粉处理

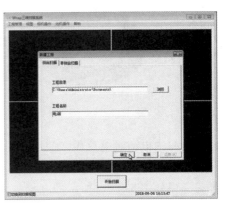

图 3 - 100　新建工程

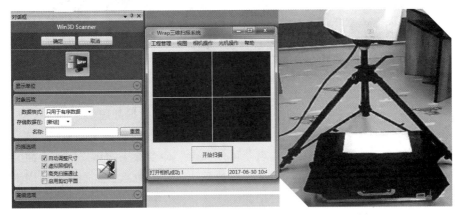

图 3 - 101　调节扫描仪至扫描状态

2. 电话听筒数据采集

在电话听筒正面，使用油泥粘住听筒与转盘，选择合适的位置，点击"开始扫描"命令，系统将自动采集数据，第一幅采集数据如图 3 - 102 所示。

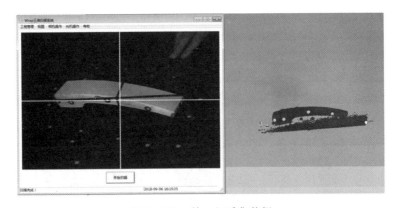

图 3 - 102　第一幅采集数据

通过四次转动转盘完成电话听筒正面扫描工作，如图 3 - 103 所示。

图 3 - 103　电话正面扫描

在扫描电话听筒反面，使用油泥粘住听筒与转盘，扫描反面时从正面公共贴点面开始扫描，电话反面扫描如图 3 - 104 所示，通过四次转动转盘完成电话听筒反面扫描工作。最终获得如图 3 - 105 所示的点云数据。

图 3 - 104　电话反面扫描

图 3 - 105　点云数据

（二）电话听筒数据处理

手动选择删除多余数据，并通过"非连接项"与"体外孤点"命令除去物体周边和表面的浮点数据，参数默认，并着色点云。删除听筒周围多余数据如图 3 - 106 所示。

选择"联合点对象"命令合并单幅扫描数据，并删除标志点。再选择"减少噪音"命令，在弹出的对话框中选择"棱柱形（积极）"。电话听筒减少噪音参数设置如图 3 - 107 所示。

选择"统一"命令在弹出的对话框中设置间距为"0.5mm"，"曲率优先"设置为最大，勾选"保持边界"，最后确定完成简化扫描数据。再选择"封装"命令在弹出的对话框中勾选"保持原始数据"与"删除小组件"，点击确定完成点云数据处理电话听筒点云封装如图 3 - 108 所示。

(a) 非连接项　　　　　(b) 体外孤点　　　　　(c) 点云着色

图 3 - 106　删除听筒周围多余数据

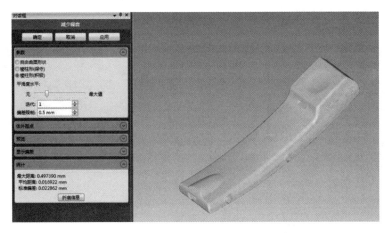

图 3-107 电话听筒减少噪音参数设置

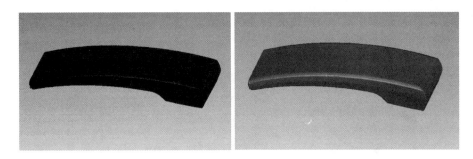

图 3-108 电话听筒点云封装

选择"删除钉状物"，检测并展平多边形网格上的单点尖峰。根据物体表面粗糙程度调整平滑级别，这里"平滑级别"处在中间位置即可，删除电话听筒表面钉状物如图3-109所示。

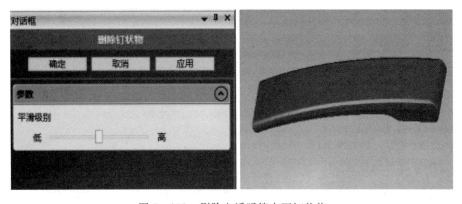

图 3-109 删除电话听筒表面钉状物

选择"填充单个孔"命令选中贴有标志点的区域，采用"删除"命令依次选择听筒上贴有标志点的区域，再选择填充命令依次进行填充。修补标志点区域如图3-110所示。

99

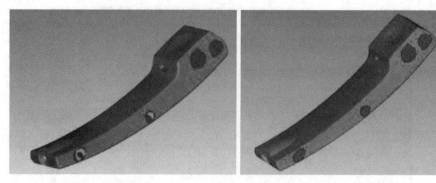

（a）选择修补区域　　　　　　　　　（b）删除再填充

图3-110 修补标志点区域

选择"△网格医生"命令对模型进行检查，勾选所有分析条件，再选择"应用"确保所有选项变成"0"。电话听筒网格医生检查如图3-111所示。最后选择"□保存"命令，格式选择"听筒.stl"。

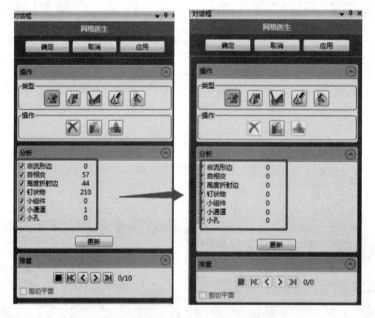

图3-111 电话听筒网格医生检查

处理完成的STL数据如图3-112所示。

（三）电话听筒逆向建模

导入扫描处理好的"听筒.STL"文件，并手动划分领域。导入电话模型并手动划分领域如图3-113所示。

选择"△面片拟合"命令，在弹出的对话框中设置分辨率为"许可偏差"，许可偏差为"0.1mm"，最大控制点数设置为50~100。在电话顶部领域创建曲面体，即拟合曲面1。电话听筒的顶部曲面创建如图3-114所示。

图 3-112　处理完成的 STL 数据

图 3-113　导入电话模型并手动划分领域

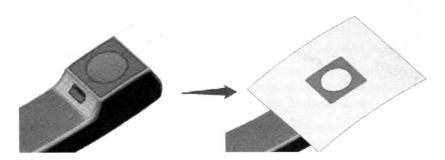

图 3-114　电话听筒的顶部曲面创建

以同样的方法创建电话听筒正面曲面。面片拟合创建拟合曲面 2 与拟合曲面 3 如图 3-115 所示。

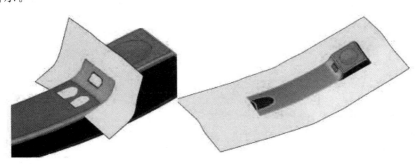

（a）拟合曲面2　　　　　　　　　　　　　　（b）拟合曲面3

图 3-115　面片拟合创建拟合曲面 2 与拟合曲面 3

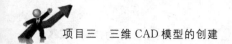

再选择"◇面片拟合"命令，创建拟合曲面 4，如图 3-116，电话听筒正面所有曲面创建完成如图 3-117 所示。

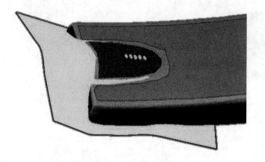
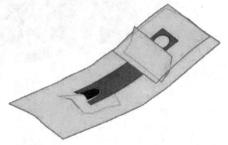

图 3-116 创建拟合曲面 4　　　　　　　图 3-117 电话听筒正面所有曲面创建完成

选择"◇剪切曲面"裁剪拟合曲面 1 与拟合曲面 2，生成"◎◇剪切曲面 1"，如图 3-118 所示。

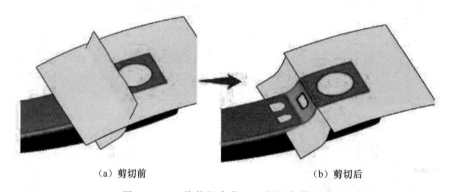

（a）剪切前　　　　　　　　　　　　　（b）剪切后

图 3-118 裁剪拟合曲面 1 与拟合曲面 2

选择"✗在"◇剪切曲面 1"与"◇面片拟合 3"交界处绘制剪切曲线"✗3D 草图 1"如图 3-119 所示。

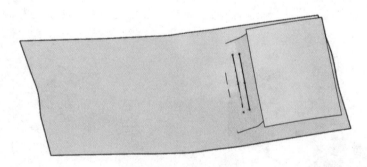

图 3-119 绘制剪切曲线

选择"◇剪切曲面"，以"✗3D 草图 1"为工具剪切"拟合曲面 3"与"拟合曲面 4"，生成"◇剪切曲面 2_1"与"◇剪切曲面 2_2"，如图 3-120 所示。

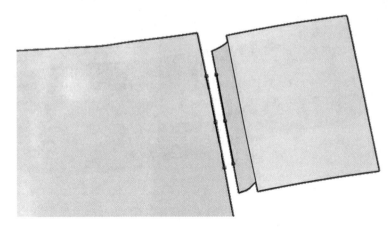

图 3-120 剪切拟合曲面 3 与拟合曲面 4

选择"放样"命令创建"剪切曲面 2_1"与"剪切曲面 2_2"的连接面，如图 3-121 所示。

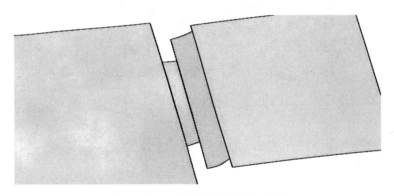

图 3-121 创建两个曲面的连接面

选择"剪切曲面"命令，裁剪拟合曲面 4 与"剪切曲面 2_2"多余部分，创建"剪切曲面 3"，如图 3-122 所示。

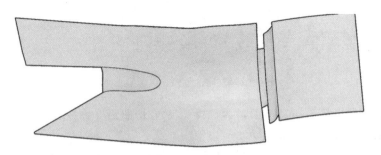

图 3-122 裁剪多余部分

在模型管理器曲面体中隐藏听筒，再选择"面片拟合"命令创建电话听筒四周的曲面拟合曲面 5、拟合曲面 6、拟合曲面 7、拟合曲面 8，如图 3-123 所示。

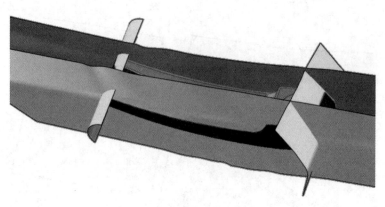

图 3-123　创建电话听筒四周曲面

选择"⬦面片拟合"命令，分辨率设置为"控制点"，创建电话听筒背部曲面，如图 3-124 所示。

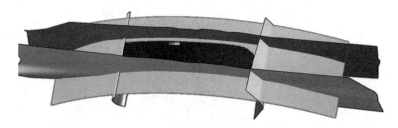

图 3-124　创建电话听筒背部曲面

选择"⬦缝合"命令缝合电话听筒顶部所有曲面，创建"⬦剪切曲面 3"。缝合听筒顶部所有曲面如图 3-125 所示。

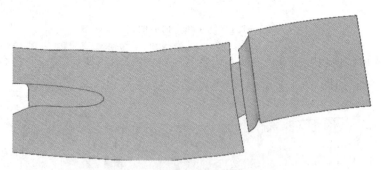

图 3-125　缝合听筒顶面所有曲面

在模型管理器中显示所有曲面，再选择"⬦剪切曲面"命令，选择所有曲面，剪切出电话听筒实体，如图 3-126 所示。

选择"基础实体🗗"命令，提取形状，选择听筒顶部领域创建"⬜球 1"，如图 3-127 所示。

选择"🗗布尔运算"剪切出听筒顶部曲面形状，如图 3-128 所示。创建"⬜布尔运算 1（切割）"。

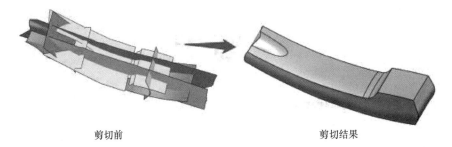

剪切前 　　　　　　　　　　　　　　　　 剪切结果

图 3-126　剪切出电话听筒实体

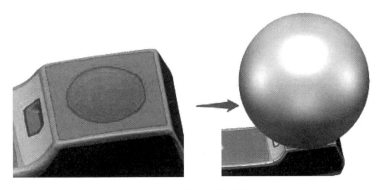

图 3-127　创建听筒顶部球

图 3-128　剪切出听筒顶部曲面形状

　　选择听筒斜槽底部区域创建 "⊞参考平面 1"，并以参考平面斜槽尺寸绘制✎草图 2（面片），拉伸切割电话斜槽，如图 3-129 所示。

图 3-129　拉伸切割电话斜槽

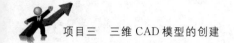

选择"⬠倒角"命令，倒出电话听筒背面的斜角，如图 3-130 所示。

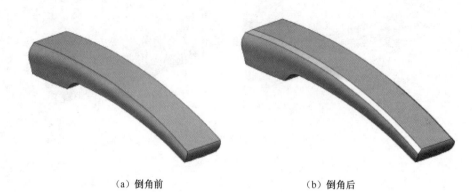

（a）倒角前　　　　　　　　　　　（b）倒角后

图 3-130　倒出听筒背面斜角

选择"⬡圆角"命令导出模型周边圆角，完成听筒逆向建模结果。逆向建模完的电话听筒如图 3-131 所示。

（四）电话听筒结构设计

1. 绘制电话听筒分模线

选择参考中心平面，参照实物绘制模型的分模线，如图 3-132 所示。

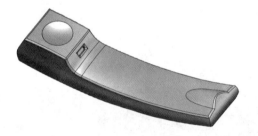

图 3-131　逆向建模完的电话听筒　　　　　　图 3-132　绘制模型的分模线

2. 绘制电话听筒内部结构

选择"◈曲面偏移"命令，选择模型四周面，向内偏移 2mm 创建偏移曲面 2，如图 3-133 所示。

选择"⬚切割"命令以分模线切割电话听筒的上下壳，如图 3-134 所示。选择"◈曲面偏移"命令创建偏移，距离设置为 0mm，创建电话分型面，如图 3-135 所示。

在模型管理面板隐藏上壳，显示电话听筒下壳。选择"⬚壳体"命令，参考塑件产品结构设计标准，ABS 材料设置抽壳厚度为 2mm。对电话听筒下壳进行抽壳操作，如图 3-136 所示。

图 3-133　创建偏移曲面 2

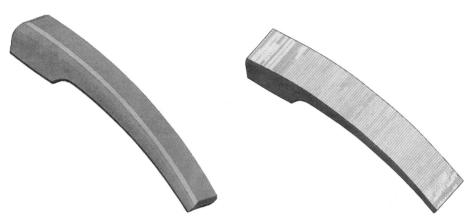

图 3-134 以分模线切割电话听筒的上下壳   图 3-135 创建电话分型面

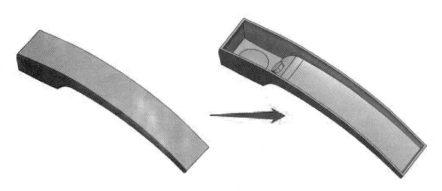

图 3-136 对电话听筒下壳进行抽壳操作

选择"⊞转换体"命令复制"◇曲面偏移 2""◇曲面偏移 1"为"◇转换 1_1""◇转换 1_2"。选择"⚒ 3D 草图"命令，在 3D 草图环境中选择下壳内边，将其转换为曲线。再选择"⊡偏移"命令使曲线偏移"0.7mm"，绘制下壳凸台 3D 草图，如图 3-137 所示。

图 3-137 下壳凸台 3D 草图

选择"◈剪切曲面"命令，裁剪分型面"◇曲面偏移 1"，保留凸台曲面"◇剪切曲面 5"。凸台曲面如图 3-138 所示。

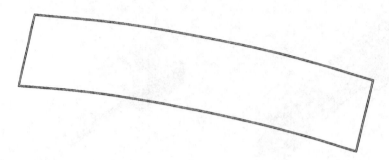

图 3-138　凸台曲面

选择"⬛赋厚曲面"命令，赋厚电话听筒凸台，如图 3-139 所示。再选择"⊞转换体"命令复制凸台"◻转换 2"。

图 3-139　赋厚电话听筒凸台

在模型管理器中关闭下壳只保留上壳，再选择"▣壳体"命令抽出 2mm 的上壳。电话听筒上壳抽壳如图 3-140 所示。

图 3-140　电话听筒上壳抽壳

选择"❎删除面"命令删除凸台的顶面和侧面，再选择"◩面填补"命令修补好底部曲面，最后采用"◈延长曲面"命令延伸四周曲面。创建上壳剪切曲面如图 3-141 所示。

选择"◩切割"命令，创建上壳台阶"◻切割 2"，再选择"◱布尔运算"命令把上壳和下壳合在一起创建实体"◉◻赋厚曲面 1"，如图 3-142 所示。

选择"⊞参考平面"命令，将上平面向一侧偏移 10mm 创建"⊞平面 3"如图 3-143所示。

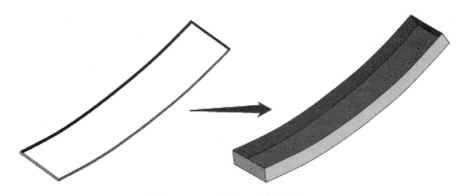

图 3-141　创建上壳剪切曲面

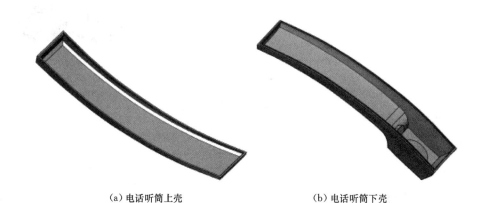

（a）电话听筒上壳　　　　　　　　（b）电话听筒下壳

图 3-142　电话听筒上壳与电话听筒下壳的合并

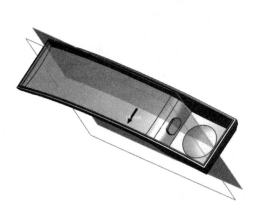

图 3-143　创建"平面 3"

图 3-144　绘制下壳卡位 1

　　选择"📐面片草图"绘制下壳卡位，如图 3-144 所示。用"⬆拉伸"命令双向拉伸 2mm 创建实体"🔲拉伸 2"。

　　选择"◈曲面偏移"命令在下壳的分型面创建"◈曲面偏移 3＿1""◈曲面偏移 3＿2""◈曲面偏移 3＿3""◈曲面偏移 4"。延伸"◈曲面偏移 3＿1"曲面长度。再选择

"◇曲面剪切"命令剪切出卡位曲面"◇剪切曲面 6",并通过"延伸"命令延长卡位曲面。创建卡位曲面如图 3-145 所示,延长卡位曲面如图 3-146 所示。

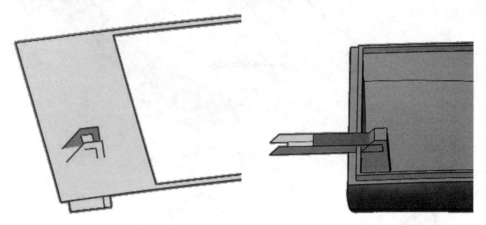

图 3-145 创建卡位曲面   图 3-146 延长卡位曲面

选择"⚠镜像"命令镜像出卡位与卡位曲面;再选择"⊞布尔运算"命令合并卡位与电话听筒底壳。最后通过"⊘切割"命令剪出卡扣形状并延长卡位曲面。创建电话听筒卡位如图 3-147 所示。

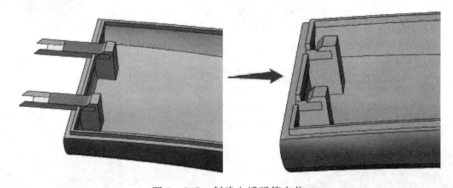

图 3-147 创建电话听筒卡位

选择"◢草图"命令,以"⊞平面 3"为基准平面新建草图;在设置显示模式下设置模型为"⊞"。在草图模式下选择"◻转换实体"命令与直线命令绘制下壳对应反扣,如图 3-148 所示。

选择"◻拉伸"命令拉伸反扣,并通过镜像命令镜像另一边的反扣。通过"⊞布尔运算"合并反扣和上壳,如图 3-149 所示。

选择"⊞平面 3"绘制卡位 2 草图,电话听筒下壳卡位 2 如图 3-150 所示。选择"◈曲面偏移"命令、"◇延长曲面"命令、"◇剪切曲面"命令创建卡位 2 曲面"◇剪切曲面 7"。在通过"⚠镜像"命令镜像卡位 2 曲面与卡位实体。

选择"⊞布尔运算"命令合并卡位 2 与电话听筒底壳;选择"⊘切割"命令切割出卡位 2,合并—切割卡位 2 如图 3-151 所示。

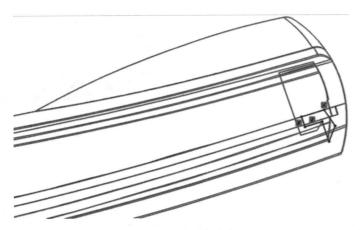

图 3-148　绘制下壳对应反扣

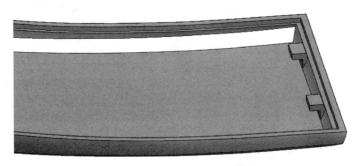

图 3-149　合并反扣和上壳

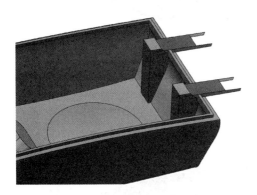

图 3-150　电话听筒下壳卡位 2

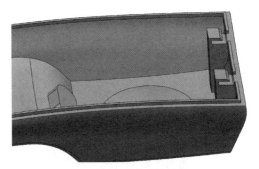

图 3-151　合并—切割卡位 2

　　选择"▱草图"以"▦平面 3"为基准平面新建草图；在设置显示模式下设置模型为"▣"。在草图模式下选择"▢转换实体"命令与直线命令绘制下壳对应反扣，如图 3-152 所示。

　　选择"▢拉伸"命令拉伸反扣，并通过镜像命令镜像另一边的反扣。并通过"▱布尔运算"命令合并反扣和上壳。创建卡位 2 反扣如图 3-153 所示。

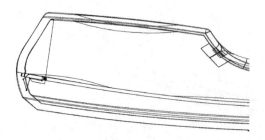

图 3-152 在草图模式下绘制下壳对应反扣

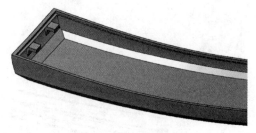

图 3-153 创建卡位 2 反扣

选择"参考前平面"绘制下壳中间孔草图并拉伸。创建下壳连接孔如图 3-154 所示。

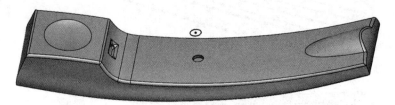

图 3-154 创建下壳连接孔

选择"◈曲面偏移"命令，将中间沉孔内壁偏移距离设置为 1mm。创建"◇曲面偏移 7"，选择"◈延长曲面"命令延长曲面。创建中间孔曲面如图 3-155 所示。

图 3-155 创建中间孔曲面

选择"田参照平面"命令创建"田平面 4"；以"田平面 4"为基准平面绘制"∠草图 9"，拉伸创建支柱。再选择"◈切割"命令，切除支柱中间通孔。听筒支柱的创建如图 3-156 所示。

图 3-156 听筒支柱的创建

选择"◈切割"命令，以"◇转换 1_2"曲面为工具要素切割支柱，如图 3-157 所示。

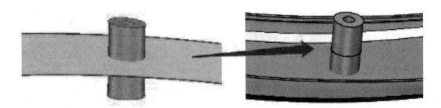

图 3-157　切割支柱

选择"⊞上"参照平面，在草图模型下绘制支柱的加强筋草图并双向拉伸加强筋；再选择"⁖环形阵列"以支柱轴心为旋转轴阵列出其他 3 个加强筋。最后通过"⊡布尔运算"命令合并加强筋、支柱和上壳。支柱加强筋草图与最终效果如图 3-158 所示。

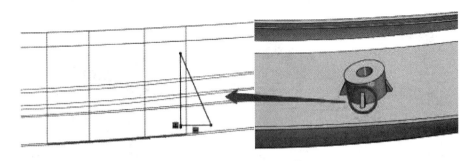

图 3-158　支柱加强筋草图与最终效果

选择"⊡布尔运算"命令合并支柱与下壳。选择"◎⊞右"参照平面，在草图模式下绘制上壳四周的加强筋草图，如图 3-159 所示。双向拉伸加强筋。

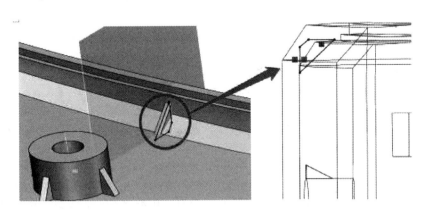

图 3-159　绘制上壳四周加强筋

选择"⟳线性阵列"整列壳体一侧的加强筋，再选择"◈曲面偏移""◇延长曲面"命令偏移阶梯面，通过"⊡切割"命令切除多余的加强筋。听筒下壳侧加强筋的阵列与多余部分切除如图 3-160 所示。

选择"⊞移动面"命令，进行听筒上壳加强筋的延伸如图 3-161 所示。

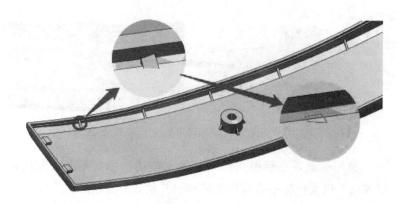

图 3 - 160　听筒下壳侧加强筋的阵列与多余部分切除

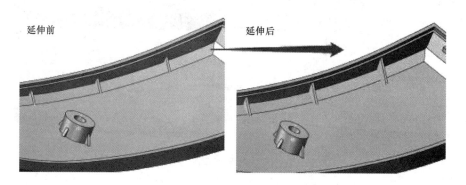

图 3 - 161　延伸听筒上壳强筋

选择 "△镜像" 命令镜像一侧至另一侧, 再选择 "□布尔运算" 命令合并加强筋与上壳。完整的上壳结构如图 3 - 162 所示。

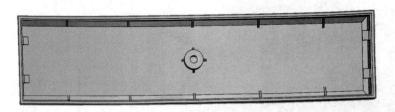

图 3 - 162　完整的上壳结构

在模型管理器中隐藏上壳, 选择 "□右" 参照平面, 在草图模式下绘制下壳底面的加强筋草图并双向拉伸加强筋; 再选择 "□线性阵列" 以下壳边线为路径阵列出下壳加强筋。最后通过 "□布尔运算" 命令合并加强筋与下壳。听筒下壳底面加强筋制作如图 3 - 163 所示。

选择 "□移动面" 命令对部分加强筋做延伸加强, 如图 3 - 164 所示。

选择 "□参考平面" 命令, 以听筒下壳底面为要素创建 "□平面 5"。以 "□平面 5"

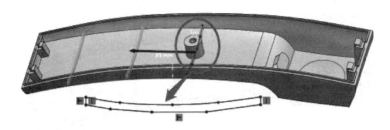

图 3-163 听筒下壳底面加强筋制作

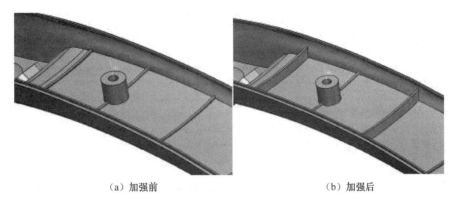

（a）加强前　　　　　　　　　　　　（b）加强后

图 3-164 延伸部分加强筋

为基准平面创建拉伸通孔实体"▢拉伸11"。并选择"⁝⁝线性阵列"与"⁝⁝圆形阵列"整理通孔实体。创建听筒通孔实体如图 3-165 所示。

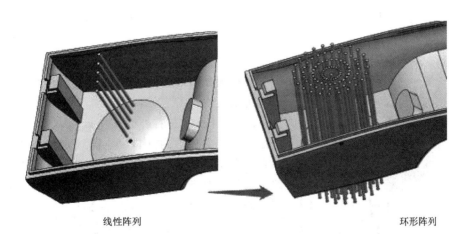

线性阵列　　　　　　　　　　　　环形阵列

图 3-165 创建听筒通孔实体

　　选择"⊠删除体"命令删除中间重叠的实体，再采用"🗗布尔运算"命令减去听筒耳机位置通孔，完成听筒下壳结构设计，如图 3-166 所示。后期可根据具体电子元器件再做进一步设计。

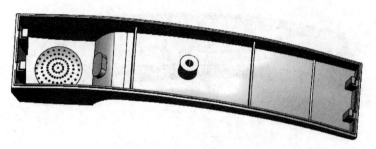

图 3 - 166　听筒下壳结构设计

　课后习题

1. 什么是逆向工程？逆向工程的关键技术流程是什么？

2. 扫描数据处理一般都需要做哪些操作？

3. 在条件允许的情况下，试用其他数据处理软件。

4. 根据所学知识，制作电子秤外壳零件。

（1）任务来源：

某家专门生产电子秤的企业为降低产品成本、扩大销售利润，决定改型设计一款电子秤。目前已经过概念设计阶段，概念设计师提交的是多面体数据，不能直接用于生产或者结构设计，仅能用于打印 3D 样件。本阶段的任务是根据上一阶段设计出来的 3D 样件，测绘并且反求为工程模型，进一步完成产品的结构设计。

（2）任务要求：

1）设计任务说明如图 3 - 167 所示。根据图 3 - 167 的 3D 样件，测绘并且反求产品的工程曲面。

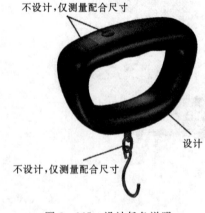

不设计,仅测量配合尺寸

设计

不设计,仅测量配合尺寸

图 3 - 167　设计任务说明

2）在此基础上，合理拆分左右外壳。（合理拆分就是在模型合适处拆分，并保证左右壳零件都可以满足模具生产工艺要求。）

3）设计出的左右外壳，应该包含显示器开口、电源按钮开口、吊钩开口、电路线走线空间、左右外壳结合螺纹等，样件制作完成之后，可以安装电路板（包含显示屏、电源按钮）、吊钩组、电路线等，检测整体效果。

4）提供指定的电路板（包含显示屏、电源按钮）、吊钩组等具体零件。电路板、吊钩组的形状及尺寸，可用游标卡尺直接量取获得。

5）所设计的电子秤外壳零件/组件，可直接左右装配；并且不能互相产生干涉。

（3）设计评审：

召集相关的营销人员、工程技术人员、客户代表等进行本项目综合评审。递交的产品造型设计方案中必须含有以下文件：①点云文件；②产品 3D 反求模型；③满足上述工程设计要求的电子秤左右外壳 3D 模型文件。

项目四　3D 打印技术规划与数据处理

项目引入

3D 打印技术是从零件的 CAD 模型或其他数据模型出发,利用分层处理软件将三维数据模型离散成截面数据,输送到打印系统成型的过程,3D 打印技术工艺过程如图 4-1 所示。从 CAD 系统、逆向工程、CT 或 MRI 获得的几何数据以分层软件能接收的数据格式,如STL、CFL、SLC、STEP 等保存,切片软件对 STL 文件、层片文件及相关切片工艺进行处理,生成各层面扫描信息后以 3D 打印设备能够接受的数据格式输出到相应打印机。本项目以 FDM 打印机为例,要求加深对 3D 打印成型工艺的认识,掌握三维模型的格式转换、切片处理及实体模型的快速制造。

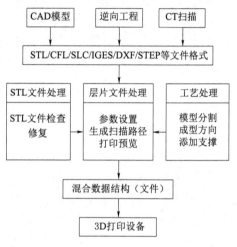

图 4-1　3D 打印技术工艺过程

任务一　三维模型的格式转换

学习目标

1. 熟悉 3D 打印的数据接口格式和类型。
2. 会使用任意一款常用三维 CAD 软件将其他格式文件转换为 STL 格式文件。
3. 掌握三维建模软件格式转换的操作步骤。

任务描述

由于各建模软件生成的数据格式不一样,会给打印设备数据交换造成障碍。因此需要将三维模型转换为一种中间数据格式(通常是 STL 格式文件),再导入打印系统中。掌握模型数据格式转换是使用打印设备的第一步。本任务是能够使用 Pro/E 软件将三维 CAD 模型转换成 STL 格式文件,要求转出的数据完整,不会出现数据丢失现象。

一、3D 打印的数据接口格式

当前 3D 打印系统主要的数据接口格式如图 4-2 所示。从图 4-2 中可知，常用的数据接口格式有三维面片模型格式（如 STL、CFL 格式）、CAD 三维数据格式（如 IGES、DXF、STEP 格式）、二维层片数据格式（如 CLI、SLC 格式）三种。

（一）三维面片模型格式

三维面片模型格式主要有 STL 和 CFL 两种。目前，国际市场上大多数 CAD 软件都配有 STL 文件接口，STL 文件是大多数 3D 打印成型系统用得最多的数据接口格式，已成为打印领域的"准"行业标准。

三维面片模型就是用小三角形面片无限逼近自由曲面，如图 4-3 所示。STL 格式文件是 CAD 实体模型或曲面模型表面三角形网格化后的空间小三角形的集合。STL 格式文件的每个三角形面片是由三角形的三

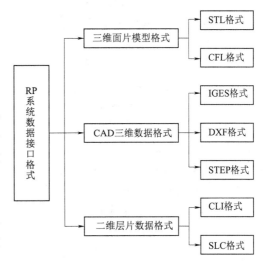

图 4-2 当前 3D 打印系统主要的数据接口格式

个顶点和指向模型外部的三角面片的法矢量组成。三角面片如图 4-4 所示。

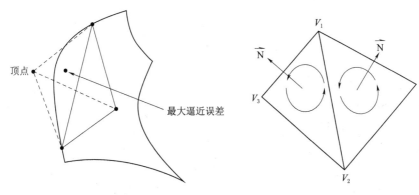

图 4-3 三角形面片无限逼近自由曲面示意图　　　图 4-4 三角面片

1. STL 文件格式的优点

（1）数据格式简单，分层处理方便，与具体的 CAD 软件无关。

（2）与原 CAD 模型的近似度高。原则上，只要三角形面片的数量足够，STL 文件就可以满足任意精度要求。

（3）具有三维几何信息，而且模型是用三角面片表示，三角面片可直接作为有限元分

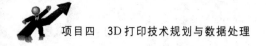

析的网格。

（4）大多数3D打印设备的数据接口格式，已成为行业默认的数据转换格式。

2. STL文件格式的缺点

（1）STL模型只是三维模型的近似描述，容易造成一定精度损失。

（2）由于不含CAD拓扑关系，将CAD模型转换为STL模型后，模型就失去零件材料、特征公差等属性信息。

（3）文件含有大量的冗余数据，因为每个顶点都分别属于不同的三角形，所以同一个顶点在STL文件中重复存储多次。另外，三角面片的法矢量也是不必要的信息，法矢量可以由三个顶点坐标得到。

（4）模型易产生重叠面、孔洞以及法矢量和交叉面等的错误、缺陷。

（5）必须经过分层处理。

（二）CAD三维数据格式

CAD三维数据格式主要有实体模型格式（IGES）和表面模型格式（DXF）两种。IGES、DXF格式常用于不同CAD/CAM系统间数据的交换。与STL格式相比，这两种数据文件能精确表示CAD模型，为多数CAD系统支持，但却有如下缺点：

（1）数据转换时定义的数据会部分丢失，不能完全精确地转换数据。

（2）一个文件中不能同时存储两个零件的数据。

（3）产生的数据量太大。

（4）必须经过分层，分层处理较STL格式复杂。在成型软件分层时，STL格式文件直接利用Z平面与三角形求交获得三维实体层片的边界线，而其他格式的工作过程则繁琐得多。

（5）模型无法自动添加支撑，支撑必须在CAD模型中自行添加后转换到IGES文件中。

STEP格式是产品数据交换的国际标准，几乎被所有的CAD软件接受，文件大小也比较适合。将STEP格式引入到3D打印成型系统是将来的发展方向，但是目前还不多见，这种格式发展并不成熟。

（三）二维层片数据格式

CLI格式、SLC格式是典型的二维层片数据格式。层片文件是对STL文件的补充，是一种中性文件，与3D打印设备和工艺无关，它的出现使三维模型与3D打印设备之间的联系方式更加丰富，对逆向工程与打印设备的集成具有重要的意义。

与STL文件相比，层片文件具有以下优点：

（1）大大降低了文件数据量。

（2）由于直接在CAD系统内分层，因而模型精度大大提高。

（3）省略了STL分层，降低了打印系统的前处理时间。

（4）由于层片文件是二维文件，因此它的错误较少、错误类型单一，不需要复杂的检验和修复程序。

（5）层片文件可从某些反求工程（如CT、MRI）中得到。

但与STL文件相比，层片文件却具有如下缺点：文件只有单个层的信息，没有体的概念，无法添加支撑；零件无法重新定位、无法旋转；分层厚度固定，对某些打印系统不太合适，分层是所有打印系统共有的过程，但是 CAD 软件并没有提供统一的分层接口。此外，层片文件对设计者的要求更高，因为加支撑、选择最优的成型方向均要在分层之前在 CAD 软件内由设计者完成。

从目前情况来看，STL 格式是三维模型离散分层处理前广泛使用的数据格式文件，CLI 文件是三维模型分层处理后，3D 打印系统广泛采用的格式文件。

二、三维模型的 STL 格式转换

STL 文件是目前 3D 打印系统使用最多的数据接口格式，通常可以直接利用三维建模软件，如 Pro/E、Unigraphics 等进行格式转换，直接将输出格式设定为 STL 格式即可。STL 格式文件导出方法见表 4-1。

表 4-1　　　　　　　　　　　**STL 格式文件导出方法**

软件名称	操　作　步　骤
Pro/E	（1）选择 File（文件）→Save as a Copy（保存副本）→Model（模型）或者选择 File（文件）→Save a Copy（保存副本）→选择".STL"。 （2）设定弦高为 0，然后该值会被系统自动设定为可接受的最小值。 （3）设定 Angle Control（角度控制）为 1
ProE Wildfire	（1）File（文件）→Save a Copy（保存副本）→Model（模型）→选择文件类型为 STL（*.stl）。 （2）设定弦高为 0，然后该值会被系统自动设定为可接受的最小值。 （3）设定 Angle Control（角度控制）为 1
Unigraphics	（1）File（文件）→Export（输出）→Rapid Prototyping（快速成型）→设定类型为 Binary（二进制）。 （2）设定 Triangle Tolerance（三角误差）为 0.0025；设定 Adjacency Tolerance（邻接误差）为 0.12；设定 Auto Normal Gen（自动法向生成）为 On（开启）；设定 Normal Display（法向显示）为 Off（关闭）；设定 Triangle Display（三角显示）为 On（开启）
SolidWorks	（1）File（文件）→Save As（另存为）→选择文件类型为 STL。 （2）Options（选项）→Resolution（品质）→Fine（良好）→OK（确定）
AutoCAD	输出模型必须为三维实体，且 XYZ 坐标都为正值。在命令行输入命令"Facetres"→设定 FACETRES 为 1 到 10 之间的一个值（1 为低精度，10 为高精度）→然后在命令行输入命令"STLOUT"→选择实体→选择"Y"，输出二进制文件→选择文件名
CAD Key	从 Export（输出）中选择 Stereolithography（立体光刻）
Rhino	File（文件）→Save As（另存为 STL 格式文件）
I-DEAS	File（文件）→Export（输出）→Rapid Prototype File（快速成型文件）→选择输出的模型→Select Prototype Device（选择成型设备）→SLA500.dat→设定 absolute facet deviation（面片精度）为 0.000395→选择 Binary（二进制）
Inventor	Save Copy As（保存副本）→选择 STL 类型→选择 Options（选项），设定为 High（高）
IronCAD	右键单击要输出的模型→Part Properties（零件属性）→Rendering（渲染）→设定 Facet Surface Smoothing（三角面片平滑）为 150→File（文件）>Export（输出）→选择.STL 格式文件

续表

软件名称	操 作 步 骤
Mechanical Desktop	使用 AMSTLOUT 命令输出 STL 格式文件。 下面的命令行选项影响 STL 格式文件的质量，应设定为适当的值，以输出需要的文件。 1. Angular Tolerance（角度差）：设定相邻面片间的最大角度差值，默认 15°，减小可以提高 STL 格式文件的精度。 2. Aspect Ratio（形状比例）：该参数控制三角面片的高/宽比，1 标志三角面片的高度不超过宽度，默认值为 0，忽略。 3. Surface Tolerance（表面精度）：控制三角面片的边与实际模型的最大误差。设定为 0.0000，将忽略该参数。 4. Vertex Spacing（顶点间距）：控制三角面片边的长度，默认值为 0.0000，忽略
SolidDesigner（Version 8. x）	File（文件）→Save（保存）→选择文件类型为 STL
SolidDesigner（not sure of version）	File（文件）→External（外部）→Save STL（保存 STL 格式文件）→选择 Binary（二进制）模式→选择零件→输入 0.001mm 作为 Max Deviation Distance（最大误差）
SolidEdge	1. File（文件）→Save As（另存为）→选择文件类型为 STL。 2. Options（选项）。 设定 Conversion Tolerance（转换误差）为 0.001in 或 0.0254mm。 设定 Surface Plane Angle（平面角度）为 45.00
Think3	File（文件）→Save As（另存为）→选择文件类型为 STL

三、Pro/E 软件格式转换实例

使用 Pro/E 软件将图 4-5 的建筑模型零件转换为 STL 格式文件。

图 4-5　建筑模型零件

具体有以下操作步骤：

（1）用 Pro/E 软件打开已经生成的模型文件，如图 4-6 所示。

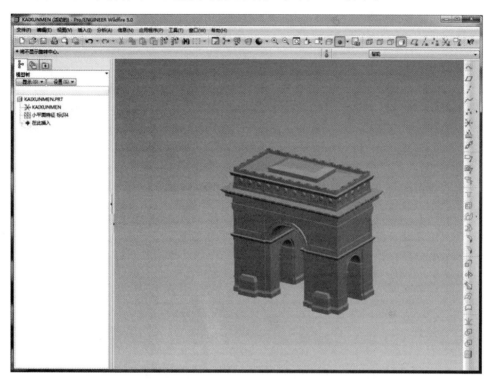

图 4-6　模型文件

（2）单击"文件"工具栏中的"保存副本"，弹出相应的对话框，在新建名称上输入"part"，类型中选择"STL"格式，"保存副本"对话框如图 4-7 所示。

图 4-7　"保存副本"对话框

图 4-8　"导出 STL"对话框

（3）弹出"导出 STL"对话框，如图 4-8 所示，设定弦高为 0，系统自动配置最低值，设定角度控制为 0，单击"确定"按钮，完成零件 STL 格式文件转换，生成 STL 格式文件。

 课后习题

使用其他软件，如 UG、AutoCAD 等如何实现将模型文件转化为 STL 格式文件？

任务二　三维模型的数据处理

 学习目标

1. 熟悉切片处理方法及 STL 格式文件的检查与修复。
2. 了解常用模型修复软件及特点。
3. 熟悉 Magics 修复软件修复的基本过程。

 任务描述

由于 STL 数据结构简单，没有几何拓扑结构，缺少几何拓扑结构要求的健壮性，同时也由于一些三维造型软件在三角形网格算法上的缺陷，以至于不能正确描述模型的表面。因此需要对 STL 文件进行检查和修复。本任务使用 Magics 软件对三维模型进行修复处理，导出 UP Studio 软件能够识别的格式，且要求修复后的表面质量较好。

 知识平台

一、STL 格式文件及层片文件处理

在 3D 打印制造系统中，切片处理及切片软件极为重要。切片的目的是要将模型以片层方式来描述。无论零件结构多么复杂，通过这种描述，方式使得每一层都是很简单的平面。

切片处理是将计算机中的几何模型变成轮廓线来表述。这些轮廓线代表了片层的边界，是由一系列环路组成的，每个环路又是由许多点共同组成的。切片软件的主要作用及任务是接受正确的 STL 格式文件，并生成指定方向的截面轮廓线和网格扫描线。切片软件的主要作用及任务如图 4-9 所示。

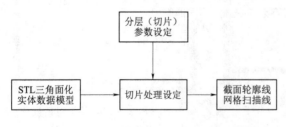

图 4-9　切片软件的主要作用及任务

3D 打印工艺中的主要切片方式有

STL 切片法和直接切片法两种方式。

1. STL 切片法

将 CAD 文件转换为 STL 格式文件后，用独立的切片软件将 STL 格式的三维实体模型处理为二维层面模型。这是一种通用方法，但将原始 CAD 文件转化为 STL 格式文件往往会降低模型的精度，当采用 STL 格式文件表示形状规则的模型，如方形时，STL 格式文件的三维模型的精度较高；当用于表示圆柱形、球形时，模型的精度较差。由于 STL 格式本身的限制，切片数据文件会存在悬面、悬边、面重叠等缺陷。

2. 直接切片法

借助 CAD 软件直接处理三维模型，输出成型设备所需的数据格式。与 STL 切片法比较而言，直接切片法能减少打印成型的前处理时间，可降低模型文件的规模，提高成型制件的精度，减少数据存储量，但此方法通用性比较差。在实际应用中 STL 切片法被大多数 3D 打印设备所接受，应用反而更为广泛。

二、STL 格式文件的基本准则

STL 格式文件必须遵守以下原则：

（1）取向原则。STL 格式文件中的三角形面片法矢量必须由内部指向外部，STL 格式文件取向原则示意图如图 4-10 所示，三角形面片顶点的排列顺序同法矢量符合右手螺旋定则（大拇指方向是法矢量方向，四指弯向方向代表三角面片顶点排列顺序）。

（2）共顶点原则。每个三角形必须也只能跟与它相邻的三角形共享两个点，即不存在一个点会落在其旁边三角形的边上，共顶点原则示意图如图 4-11 所示。

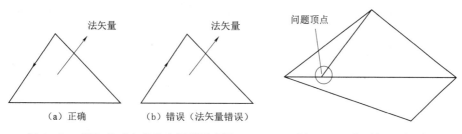

图 4-10　STL 格式文件取向原则示意图　　　　图 4-11　共顶点原则示意图

（3）取值原则。STL 格式文件中的顶点坐标必须是正值，即 STL 模型必须落在第一象限。

（4）实体原则。三维模型的所有表面必须布满三角形面片。

三、常见的 STL 格式文件错误

3D 打印技术对 STL 格式文件的正确性和合理性有较高的要求，应避免 STL 模型出现裂缝、空洞、悬面、重叠面和交叉面等问题，否则会造成分层后不封闭环和交叉现象的出现。STL 模型错误原因的查找和自动修复一直是打印成型软件领域的研究重点。

在 3D 打印中常见的 STL 格式文件错误有以下几种：

（1）法矢量错误，如图 4-10（b）所示。这是在 STL 格式转换时，因未按正确的顺序（右手法则）排列三角形的顶点而导致计算所得法矢量的方向没有指向外部。

（2）顶点错误。即三角形的顶点落在另一个三角形的某条边上，使得两个相邻三角形只共享了一个点，违背了 STL 格式文件的共点原则。

（3）间隙错误（或称裂纹、空洞），如图 4-12（a）所示。造成间隙错误的主要原因是三角形面片的丢失。当 CAD 模型的表面有较大曲率的曲面相交时，在曲面的相交部分会出现三角形面片丢失而造成的空洞。

（4）重叠和分离错误，如图 4-12（b）所示。重叠和分离错误主要是三角形顶点计算时的舍入误差造成的，在 STL 格式文件中，顶点坐标是单精度浮点型数据，如果整圆误差范围较大，就会导致面片重叠和分离。

（5）面片退化，如图 4-12（c）所示。面片退化是指三角形面片的三条边共线，这种错误常常发生在曲率剧烈变化的两相交曲面的相交线附近，主要是由 CAD 软件的三角网格化算法不完善造成的。

| (a) 间隙错误 | (b) 重叠和分离错误 | (c) 面片退化 |

图 4-12　STL 格式文件的常见错误

（6）拓扑信息的紊乱。这主要是在某些细微特征三角形网格化过程中产生的。直线 AB 同时属于四个三角形面片的情况如图 4-13（a）所示，顶点位于某个三角形面片内的情况如图 4-13（b）所示，面片重叠的情况如图 4-13（c）所示，这些都是 STL 格式文件不允许的。如果出现这些情况，STL 格式文件必须重建。

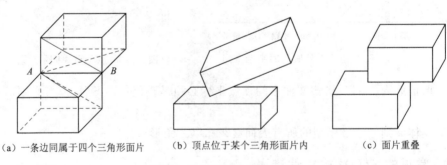

| (a) 一条边同属于四个三角形面片 | (b) 顶点位于某个三角形面片内 | (c) 面片重叠 |

图 4-13　紊乱的拓扑信息

鉴于三维建模软件转换的 STL 格式文件数据可能存在法向量重叠等错误，为保证模型打印的有效性，在对模型进行层片处理前需对 STL 格式文件进行检查和修复处理。对于一些较大的问题（如大空洞、多面片缺失、较大的体自交），最好返回 CAD 系统处理。对于一些较小的问题，可采用打印成型数据处理软件提供的自动修复功能进行修复，这样可节约时间，提高工作效率。目前，市面上已有多种用于检查和修复 STL 格式文件的专用软件，如比利时 Materialise 公司开发的 Magics 软件，美国 Imageware Copy 公司开发的 Rapid Prototyping Module 软件、DeskArtes Oy（Finland）公司开发的 Rapid Editor 软件等。其中 Magics 软件是专业处理 STL 格式文件的，具有功能强大、容易使用、效率高等优点，是从事 3D 打印必不可少的软件，常用于零件摆放、模型修复、添加支撑、切片等环节。

任务实施

四、STL 模型修复案例

本任务通过蝎子模型讲解 Magics 软件手动修复过程，通过法相修复、三角面片修复、孔的填充等案例的讲解，使同学们能够深刻的理解并学会手动修复复杂模型的错误。

Magics 软件界面图如图 4-14 所示。

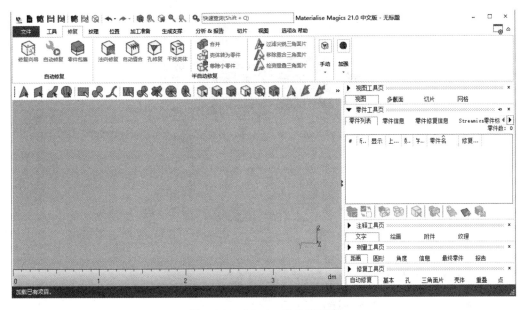

图 4-14 Magics 软件界面图

（1）打开软件，点击"文件"导入模型文件，如图 4-15 所示。

（2）在图 4-15 中可以看到一些面片显示为红色，说明这些三角面片出现法矢量方向错误问题。点击"修复"→"自动修复"命令，然后点击"更新"，系统将自动识别存在的错误。修复诊断如图 4-16 所示。

由图 4-16 诊断结果可知，模型在三角形面片、孔洞、重叠三角面片等方面均出现问题，故需要进行相关方面的修复。

1）选择"三角面片方向"→"反转标记"，单击显示红色的面片，即可反转法矢量方向。三角形面片修复如图 4-17 所示。

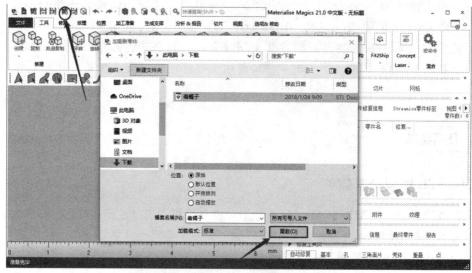

红色部分

图 4-15　导入模型

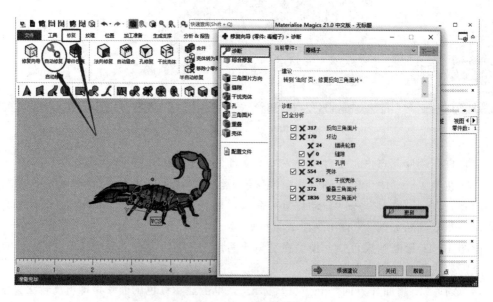

图 4-16　修复诊断

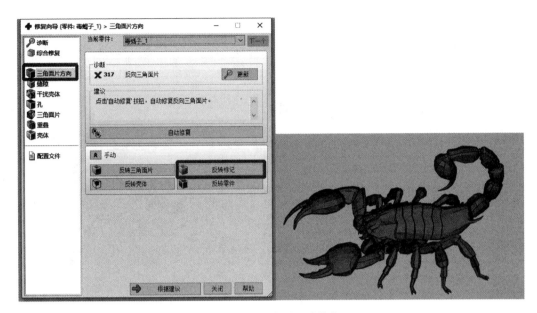

图 4-17 三角形面片修复

2) "干扰壳体" → "删除选择壳体",壳体修复如图 4-18 所示。

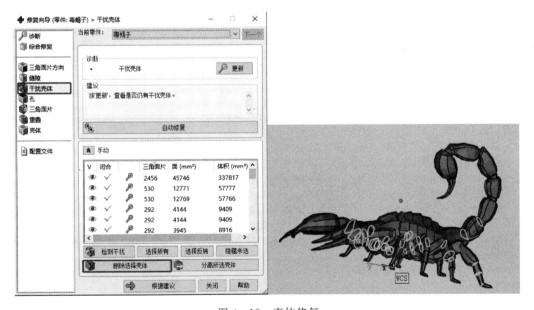

图 4-18 壳体修复

3) "孔" → "补孔",孔修复如图 4-19 所示。

(3) 进行二次诊断查看是否完全修复,二次诊断如图 4-20 所示。

(4) 将修复好的模型导出并进行下一步打印操作,模型导出如图 4-21 所示。

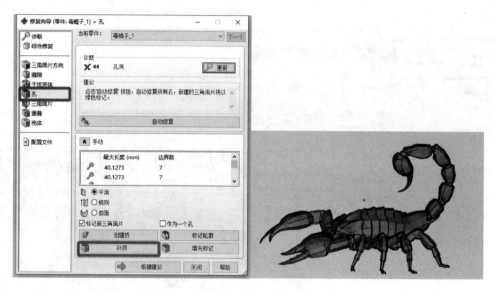

图 4-19　孔修复

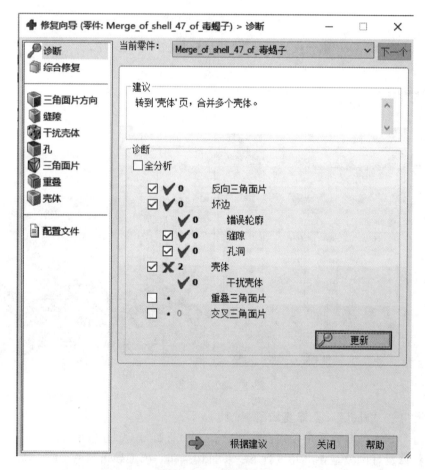

图 4-20　二次诊断

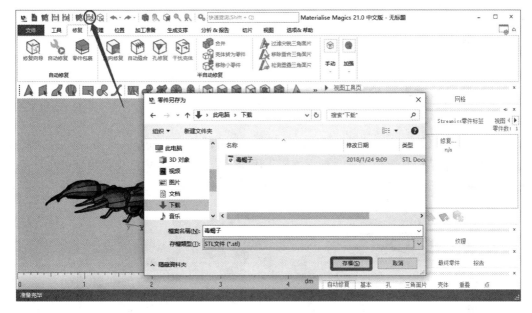

图 4-21 模型导出

1. 简述转换 STL 格式出错的原因。
2. 模型数据处理一般都需要做哪些操作？
3. 练习使用 Magics 软件并进行 STL 格式文件的修复。

任务三 模型的 3D 打印

1. 掌握切片处理的工艺。
2. 了解常见的切片处理软件及参数设置方法。
3. 熟练使用 FDM 打印机快速成型制件，并做简单的后处理。

3D 打印技术是离散/堆积的过程，切片处理就是其中的离散过程。将转换成 STL 的数据文件进行切片处理后，通过设备逐层堆积成型。本任务是使用 Up studio 软件对三维模型进行切片处理，导出 Up box+ 3D 打印机能够识别的代码，并要求设置的切片参数能够获得表面质量较好的模型。

知识平台

一、模型数据工艺处理

(一) 零件分割拼合

汽车密封条三维模型的分割如图 4-22 所示。采用单喷头 FDM 设备制作成型制件时，由于其内部结构复杂，完成后即面临以下困难：成型制件的内部支撑很难去除，密封制件的内表面无法进行后处理打磨。因此在制作前要进行模型的分割，分割后的模型图如图4-22 (b) 所示。

(a) 密封条外形与截面图　　　　　　(b) 分割后的模型图

图 4-22　汽车密封条三维模型的分割

分块组装的摩托车 FDM 模型如图 4-23 所示。采用 FDM 技术制作成型制件时，由于摩托车内部结构较复杂，完成 FDM 成型后，成型制件的内部支撑很难取出，因此在制作前要进行模型的分割，待成型结束再将各块组合在一起。各子块变形量很小，拼合及后固化都很顺利，根据面板尺寸打印出来的实体符合精度要求，而且表面光顺性很好，黏结好后无明显拼接痕迹。

图 4-23　分块组装的摩托车 FDM 模型

（二）成型方向选择

切片过程中 STL 模型的定向决定了模型的成型方向，即成型时每层的叠加方向，它是影响成型制件成型精度、制作时间、制作成本、成型强度以及制作过程中是否需要设置支撑、支撑设置为多少等的重要因素。因此，在成型前首先要选择一个优化的分层方向（成型方向）。成型方向的选择一般遵循以下原则：

（1）垂直面的数量最大化。

（2）法向向上的水平面最大化。

（3）平行加工方向的零件中孔轴线数量最大化。

（4）平面内曲线边界的截面数量最大化。

（5）加工基面的面积最大化。

（6）斜面、悬臂结构的数量最少。

手机面板成型方式如图 4-24 所示。图 4-24（a）所示的摆放方式 1 成型制件正向精度高，但手机侧面面板台阶误差很大，表面质量低，成型结果如图 4-24（c）所示，台阶效应比较明显；图 4-24（b）所示的摆放方式 2 表面质量较高，但面板上孔及卡槽的精度不足，并且成型时间长。

（a）摆放方式 1　　　　　（b）摆放方式 2　　　　　（c）摆放方式 1 成型结果

图 4-24　手机面板成型方式

应根据成型精度要求和成型设备的加工空间，合理安排制件的摆放位置和成型方向，以使成型空间得到最大利用，提高成型效率。必要时需将一个制件分解成多个部分分别成型，也可将多个 STL 模型合并成一个 STL 模型并保存。但进行工艺处理时，必须根据成型制件的具体要求综合考虑。如果制作制件的主要目的是为了进行外观评价，那么选择成型方向时应把保证制件表面质量放在首要位置来考虑；如果制作制件的目的是为了装配检验，则应首要考虑的是装配结构的成型精度，至于表面质量则可通过后处理的打磨来保证。

（三）添加支撑

3D 打印技术最大的特点就是能加工任意复杂形状的零件，但其层层堆积的特点决定了制件在成型过程中必须具有支撑，3D 打印过程中所采用的支撑相当于传统加工中的夹具，起固定零件的作用。有些成型技术的支撑是在生产过程中自然产生的，如 SLS 技术中未烧结的材料、3DP 技术中未黏结的粉末都将成为下一层的支撑。对 FDM 技术而言，在分层制造过程中，当上层截面大于下层截面时，上层截面多出的部分由于无支撑将会出现悬浮（或悬空），悬空表面如图 4-25 箭头所示，图 4-26 同样存在很多悬空部位，可能会使多出的截面部分发生塌陷或变形，影响零件的成型精度，甚至使零件不能成型，因此需要添加支撑。另外，为了确保打印件固定在构建平台上而不在树脂槽中漂浮，SLA技术和DLP技术几乎在所有情况下都需要支撑。而SLM技术的支撑是为了将打印工件与工件平台牢固地固定在一起，因此必须添加。

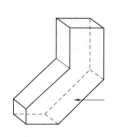
图4-25 悬空表面

图4-26 悬空部位

1. 支撑的分类

支撑按其作用不同分为基底支撑和零件原型支撑，支撑如图4-27所示。基底支撑是加于工作台之上，形状为包括零件原型在XOY平面上投影区域的矩形。它的作用主要有：

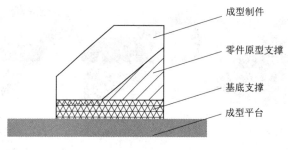
图4-27 支撑

（1）便于零件能从工作台上取出。

（2）保证预成型的零件原型处于水平位置，消除工作台的平面高度误差所引起的误差。

（3）有利于减小或消除翘曲变形。因为翘曲变形主要发生堆积的最初几层，随着堆积层数的增加，新堆积层引起翘曲变形的程度逐渐减小，直至消失，待成型后去掉基底，可得到基本没有变形的实体。

原型支撑的作用是保证模型悬挂的部位在成型过程中，不会因重力的影响掉下来，确保模型的完整性。

2. 添加支撑的方法

添加支撑的方式包括在CAD软件中手工添加支撑结构与软件自动生成支撑结构两种。

（1）CAD软件中手工添加支撑结构。在CAD软件中手工设计支撑结构时，首先要进行原型零件设计；然后再用CAD软件提供的造型功能进行支撑结构设计。手工添加支撑的前提是设计人员对成型工艺很熟悉，根据模型结构设计不同的支撑结构。手工添加支撑结构的缺点：①支撑添加质量难以保证；②工艺规划时间长；③操作不灵活，若调整添加的支撑部分的结构，需要重新添加全部支撑。因此手工添加支撑结构的方法应用很少。

（2）软件自动生成支撑结构。目前的切片软件都具备自动添加支撑结构的功能，软件根据支撑设计参数（如支撑面角度、最大非支撑面面积、最大非支撑悬臂长度）提取支撑面，自动生成支撑体。该方式使用较为灵活，无需设计经验，因此应用更为广泛。

3. 添加支撑的原则

（1）支撑应有必要的强度和稳定性。支撑的作用是为原型提供支撑和定位的辅助结构，因此应保证足够的强度和稳定性，使得自身和上面的成型部分不会变形或偏移，真正起到对成型部分的支撑作用。如果支撑强度不足，如薄壁形或点状的支撑，由于其截面积很小，自身很容易变形，就不可能真正起到支撑作用，进而影响成型制件的精度和质量。

（2）支撑的加工时间应尽量短。快速性是 3D 打印技术与其他技术相比的突出优势之一。支撑加工必然要消耗一定时间，在满足支撑作用的情况下，要求加工时间越短越好，即支撑结构尺寸应尽可能小，同时还可以节约成型材料。在满足强度的条件下，支撑扫描间距可加大，从而减少成型时间。现在很多 FDM 设备都是双喷头，主喷头用来加工实体材料，辅喷头用来加工支撑材料，使实体材料和支撑材料采用不同的材料。以上措施不仅可以节省加工时间，而且便于支撑材料的去除，FDM 技术成型的模型零件如图 4-28 所示，模型零件由两部分组成：一部分是模型本身，另一部分是支撑材料。

图 4-28 FDM 技术成型的模型零件

（3）支撑可去除。当成型制件制造完毕后，需将支撑从本体上剥离开来。成型制件与支撑黏结过牢，不但不易去除而且会降低成型制件的表面质量，甚至在去除支撑时破坏成型制件。

支撑与成型制件接触面积越小，越容易去除，因此接触部位的黏结在保证支撑强度的情况下，应尽可能小，并且在不发生翘曲变形的条件下，可将接触部分设计成锯齿形，如图4-27所示。这样有利于支撑的去除，也可确保成型制件的精度和表面质量。现在 FDM 技术可以采用由可降解的玉米淀粉基塑料制成的水溶性支撑材料，造型完毕后，将成型制件置于水中，支撑可以自我溶化，非常容易去除，水溶性支撑材料去除如图 4-29 所示。

二、常用的切片软件

切片软件是 RP 技术的核心，可以将 3D 模型分层，生成控制打印头运动的路径文件，切片软件的好坏会直接影响到打印物品的质量。现在的切片软件非常多，基本上与打印机配套使用。对 FDM 技术而言，除设备商开发的切片软件外，使用比较广泛且操作便捷的

图 4-29　水溶性支撑材料去除

切片软件有 Simplify3D、Cura、Slic3r、Magics 等。

1. Simplify3D

Simplify3D 是德国 3D 打印公司 GermanRepRap 推出的一款全功能 3D 打印软件，可以兼容市面上绝大多数打印机。其功能强大，可自由添加支撑，支持双色打印和多模型打印，可预览打印过程，切片速度极快，附带多种填充图案，参数设置详细。Simplify 3D 软件最有特色的功能是多模型打印，它能在同一个打印床上同时打印多个模型，且每个模型都有一套独立的打印参数。此功能对双色打印和提高打印效率非常有帮助。Simplify3D 切片软件的工作界面如图 4-30 所示。

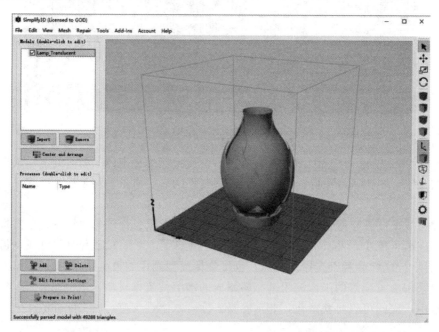

图 4-30　Simplify3D 切片软件的工作界面

2. Cura

Cura 是 Ultimaker 公司设计的开源 3D 打印切片软件，可以兼容很多打印机。它使用 Python 开发，集成 C++开发的 CuraEngine 作为切片引擎。由于其切片速度快、切片稳定，对

3D 模型结构有包容性强、设置参数少等诸多优点，Cura13.05 版本工作界面如图 4 - 31 所示。

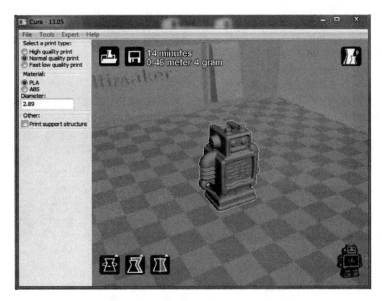

图 4 - 31 Cura13.05 版本工作界面

Cura 软件的主要功能有载入 3D 模型进行切片，载入图片生成浮雕并切片，连接打印机打印模型。但相对来说，Cura 软件较为专业，初学者不建议使用。

3. Slic3r

Slic3r 是一款开源、免费、易于使用的切片软件。其分层速度快、打印质量高，是个人型打印机的首选切片软件。Slic3r 切片软件的工作界面如图 4 - 32 所示。

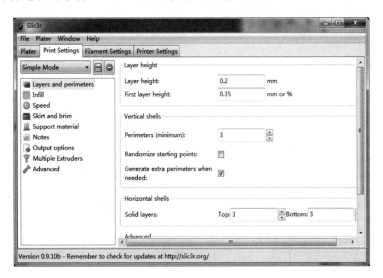

图 4 - 32 Slic3r 切片软件的工作界面

4. Magics

Magics 软件不仅可对 STL 格式文件进行编辑处理，如 STL 格式文件修复、手动添加支撑等，同时也可对三维 CAD 模型文件进行切片处理。它是快速成型制造领域的流程化、自动化最优秀的软件产品之一。Magics 软件能够将不同格式的 CAD 文件转化输出到 3D 打印设备，实现快速模具制造。其还能够修复优化三维 CAD 模型，分析零件，直接在 STL 格式文件上做相关的模型变更、特征设计并生成报告等。Magics 切片软件的工作界面如图 4-33 所示。

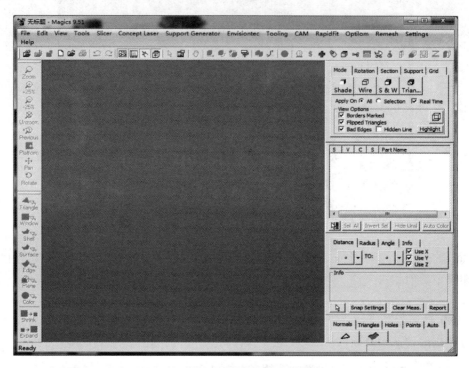

图 4-33　Magics 切片软件的工作界面

三、切片基本参数

对于 FDM 设备而言，某些参数，如喷嘴直径、最大成型尺寸、分辨率等是固定不变的；而一些参数，如层厚、温度、速度、是否设置支撑等都需要根据零件的尺寸、形状等的具体情况确定。要打印出质量好的零件，需对这些参数有一定的认知，以下将详细介绍一些通用参数的设置。

1. *层厚*

烧结层厚对制件的精度和表面光洁度影响很大，一般认为层厚越小，精度越高、零件的表面光洁度越高，这在打印具有斜面、曲面等形状的零件时最为明显。但当层厚太薄时，层片之间很容易产生翘曲变形，并且层厚越薄，零件的加工时间越长。成型材料为丝材时，层厚一般为 0.1~0.4mm。

2. *温度*

温度包括成型温度和预热温度。成型温度的设置与成型材料有关，如 PLA 材料的打印温度一般为 180~210℃，ABS 材料的打印温度为 210~230℃。

3. 速度

速度（打印速度和空走速度）对 3D 打印最直接的影响是成型时间。此外，速度对成型精度也有显著影响。成型速度过快会使精度变差。不同速度下的打印效果如图 4-34 所示。图 4-34 为采用 FDM 设备打印的蜥蜴模型，两个模型的其他参数相同，左边模型的打印速度是 100mm/s，而右边的模型的打印速度为 30mm/s。从图 4-34 中可明显看出，速度太快会使成型精度明显变差。

图 4-34 不同速度下的打印效果

四、实体模型的构造工艺过程

三维实体模型的构造过程是丝状材料熔融堆积并固化成产品模型的过程。FDM 成型工艺过程如图 4-35 所示。首先供丝机构将成型材料和支撑材料送至各自相对应的喷头，然后在喷头中被加热至熔融状态，此时，加热喷头在计算机的控制下，按照事先设定的截面轮廓信息作 $X-Y$ 平面运动；与此同时，经喷头挤出的熔体均匀地铺在每一层的截面上。喷头喷出的熔体迅速固化，并与上一层截面相黏结。一层完成后，工作平台将下降一个切片厚度的距离，喷头挤出并固化新的一层，这样周而复始直到整个实体加工完成。

(a) 一层丝材固化完成　　(b) 工作平台下降一个层厚　　(c) 挤出并固化新的一层

图 4-35 FDM 成型工艺过程

 任务实施

五、模型的 3D 打印应用实例

下面将以 UP BOX+ 打印机打印图 4-36 的盖板三维模型，要求打印出的模型符合造型美观的要求并且可以正确组装或者转动，打印出的模型零件尺寸必须和设计图一致。

切片思路：盖板三维模型的尺寸为 60mm×90mm×9mm，大小在工作台成型范围尺寸之内，可直接整体成型；模型主要用于外观评价，应首先保证成型制件表面质量，因此切片的摆放位置如图 4-36 位置为宜，且三维模型底部具有悬空结构，应在悬空位置上设置支撑结构。

（1）安装丝盘。准备耗材 ABS，把丝材送进导管直到其从另一端伸出，将丝盘安装

项目四　3D打印技术规划与数据处理

到丝盘架，然后盖好丝盘盖。安装丝盘架如图4-37所示。

图4-36　盖板三维模型

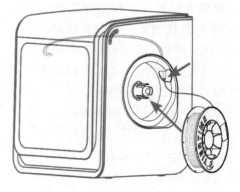

图4-37　安装丝盘架

（2）读取STL格式文件。双击 启动软件，点击 进入模型处理界面，点击左边的图标 →添加模型，UP Studio软件工作界面如图4-38所示。

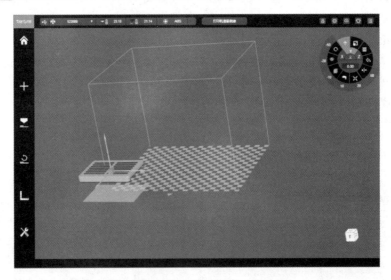

图4-38　UP Studio软件工作界面

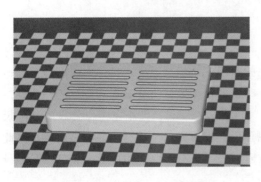

图4-39　模型打印位置调整

（3）模型位置调整。单击选中模型，通过工具栏中的工具设置模型的成型位置（移动""）、成型方向（旋转""）、成型尺寸（缩放""），亦可直接点击自动摆放功能""，自动把模型放在合适位置，模型打印位置调整如图4-39所示。

（4）打印参数设置。单击左边工具栏的""打印按钮设置相关的工艺参数，切片工艺参数设置如图4-40所示，设置后保存。

（5）点击"打印"进行切片，UP Studio 软件切片如图 4 - 41 所示。切片完成后，数据会通过数据线传输给打印机进行打印。

设备根据步骤（4）设置的成型参数自动运行，FDM 技术实体成型过程如图 4 - 42 所示。

UP Studio 软件还能预估打印所需要的时间以及耗费材料的重量，如图 4 - 43 所示。

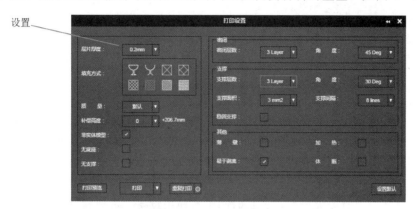

图 4 - 40　切片工艺参数设置

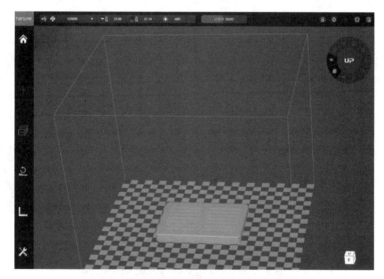

图 4 - 41　UP Studio 软件切片

图 4 - 42　FDM 技术实体成型过程

图 4-43　预估打印时间与所需耗材重量

（6）支撑剥离。在模型加工完成后、实体冷却前需将其从工作平台上移除，从平台移除的实体模型如图 4-44 所示，模型的内表面支撑结构较密集，若采用简易的手工剥离方式，支撑难以完全去除。对于一些细微支撑结构，可采用砂纸进一步打磨，这种方法使用到的工具也比较简单，主要是砂纸、打磨棒等。具体有 600 号或 800 号的水砂纸、1000 号水砂纸、1200 号水砂纸、1500 号水砂纸各一张，一碗水，一只牙膏，一张干净眼镜布。水砂纸号码越大，砂纸越细，先用粗糙的砂纸打磨然后用细腻的砂纸打磨。磨完之后，零件会没有光泽，这时要用牙膏涂抹在布上对零件进行打磨，恢复光泽。最终的实体模型轮廓清晰，表面质量较好。剥离支撑后的实体模型如图 4-45 所示。

（7）撤回丝材。打印完成后，若长时间没有使用设备，可把丝材退出。点击软件菜单的维护图标"![X]"，再点击撤出，待喷嘴的温度上升到 260℃，设备会发出"嘀"的蜂鸣声，喷头会自动撤回丝材。撤出丝材如图 4-46 所示。

图 4-44　从平台移除的实体模型

图 4-45　剥离支撑后的实体模型

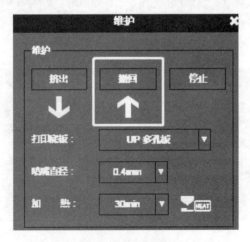

图 4-46　撤出丝材

课后习题

1. 添加支撑应考虑哪些方面因素？

2. 成型方向选择的基本原则是什么？

3. 在模型库中查找一个模型，试着设置相关参数，在 Up Studio 3D 打印机上完成模型的快速制造成型。

项目五　3D 打印技术的后处理及成型精度

由于成型原理的影响，3D 打印技术的成型件表面不可避免地存在台阶效应，当成型制件表面为倾斜面或球形面时，倾斜角越小，台阶效应的影响越明显。特别是将成型制件应用于模具制作时，成型制件的表面质量直接影响到最终产品的表面质量；当成型制件作为二次翻模使用时，如果对成型制件表面的台阶效应不做处理就使用，成型制件表面的台阶效应将会复制在模具上，那么最终的产品将会有相同的台阶表面，产品表面质量很难保证。因此，后处理对 3D 打印技术的应用尤为重要，是必不可少的一道工序。

3D 打印技术的成型精度，包括成型系统的精度以及系统制作出来的成型制件的精度。前者是后者的基础，后者远比前者复杂。3D 打印技术发展到今天，其成型制件的精度一直是人们需要解决的难题。控制成型的翘曲变形和提高成型制件的尺寸精度及表面质量一直是研究领域的核心问题之一。成型制件的精度一般包括形状精度、尺寸精度和表面精度，即成型在形状、尺寸和表面平整度三个方面与设计要求的符合程度。

任务一　3D 打印技术的后处理

1. 理解为何要对成型制件进行后处理以及后处理时需综合考虑的因素。
2. 熟悉常用成型制件的后处理方法。
3. 认知并掌握 FDM 模型打磨、抛光的几种方法。
4. 能够根据打印的成型结构制定后处理工艺流程，完成后处理工艺。

后处理工艺是 3D 打印技术应用的最后一个阶段，也是关键步骤之一。处理的好坏关系到产品的最终质量和精度。本任务是将 SLA 打印机打印的成型制件取下，并做基本的后处理，要求产品支撑去除到位，外观完好、美观，喷漆完整、均匀，符合设计要求。产品外观效果图如图 5-1 所示。

图 5-1 产品外观效果图

 知识平台

一、成型制件的后处理

通常情况下，从 3D 打印设备上取出的成型制件表面有可能出现小台阶现象，或某些尺寸、外形还不够精确，表面不够光滑；有些制件的薄壁或某些微小特征的结构其强度、刚度不能满足需求；有些制件的强度、耐湿性、耐磨性以及耐温性等指标无法达标；或是有些成型制件表面的颜色可能不符合产品的要求等，因此，必须对成型制件进行一定的后处理，如支撑的去除和成型制件的固化、修补、打磨、抛光和表面涂覆等强化处理等，才能满足产品的使用需求。目前较为常用的成型制件后处理方法有废料剥离、打磨和抛光、表面涂覆等。

（一）废料剥离

废料的剥离是将 3D 打印机技术成型过程中产生的废料、支撑结构从成型制件中分离开来的一种工艺。废料剥离通常有手工剥离和化学剥离两种方法。

1. 手工剥离

手工剥离是最常用、最经济的一种剥离方法。只需要用手或借助一些小工具将废料或支撑结构与成型制件分离，手工剥离如图 5-2 所示。通常情况下，对于一些易剥离的废料、支撑结构都用此种方法进行剥离。

2. 化学剥离

当某些化学溶液能溶解支撑结构而不会损伤成型制件时，可用化学溶液使支撑结构

图 5-2 手工剥离

与成型制件分离。这种方法的剥离效率较高，表面也较清洁。对于采用可降解的玉米基塑料制成的水溶性支撑材料，将打印完成的成型制件置于水中，支撑可以自我溶化，非常容易去除。

(二) 打磨和抛光

若打印参数设置不合理，FDM设备打印出的实体模型会出现表面粗糙的问题，需要在后处理阶段进行打磨和抛光。目前，打磨、抛光的处理方法主要有以下几种：

1. 砂纸打磨

砂纸打磨是一种有效且廉价的方法，是3D打印模型后期表面处理最常用且使用最广泛的技术。利用砂纸摩擦可以去除模型表面的凸起，砂纸打磨工艺如图5-3所示。一般常采用水磨砂纸配合水对模型进行打磨，具体方法：首先用粗砂纸进行粗磨；然后再用细砂纸进行细磨；最后用毛巾沾丙酮擦拭处理。注意，打磨时间不能过长以免影响模型外观和尺寸。

2. 喷丸处理

喷丸处理如图5-4所示，喷丸处理是指操作人员手持喷枪对着模型高速喷射介质小珠，从而达到抛光的效果。一般处理5~10min，处理过的模型表面光滑，有均匀的亚光效果。喷丸处理喷射的介质通常是热塑性塑料颗粒。喷丸处理比较灵活，可用于大多数FDM材料。处理完后往往可以进行上漆、涂层和镀层处理。

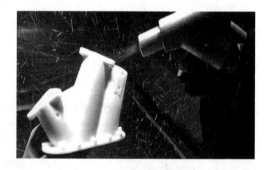

图5-3 砂纸打磨工艺　　　　　　　　　　　　图5-4 喷丸处理

但喷丸处理具有一定的限制。由于喷丸处理一般是在一个密闭的腔室里进行，因此它所能处理的模型尺寸是有限制的。此外，整个过程需要人员手动操作，一次只能处理一个模型，不能用于规模应用。

3. 溶剂浸泡

ABS溶于丙酮、醋酸乙酯、氯仿等绝大多数常见有机溶剂，因此可以利用有机溶剂的溶解性对ABS材质的3D打印模型进行表面处理。

但是丙酮易燃且很不环保，因此Stratasys公司推出了一台大型的润色抛光机，如图5-5所示。该抛光机可对ABSi、ABSplus、ABS-M30、ABS-M30i、ASA材料打印的模型进行抛光。抛光机采用的方法与丙酮溶剂浸泡十分类似，但更加优化，也更加安全。对模型表面进行抛光处理前后对比图如图5-6所示，明显可以看出，经抛光后模型变得光滑且有光泽。但此设备比较昂贵，每台约3万美元，一般适用于企业用户。

图 5-5　Stratasys 公司 3D 打印抛光机　　　图 5-6　对模型表面进行抛光处理前后对比图

2014 年重庆科技学院的一名本科学生研究出低价 3D 打印抛光机，这种抛光机不是采用传统的去除材料方法，而是采用材料转移技术的方法达到抛光目的，将零件表面凸出部分的材料转移到凹槽部分，对零件表面精度的影响非常小。抛光过程中不产生零件废料，零件的分量也不会改变。它不采用丙酮、氯仿等毒性物质抛光，而是使用一种自主研发的环保耗材。

4. 溶剂熏蒸

与溶剂浸泡类似，溶剂熏蒸也是利用有机溶剂对 ABS 的溶解性，对 3D 打印模型进行表面处理，不同之处在于后者是将有机溶液加热形成蒸汽，将成型制件放置在蒸汽中，由高温蒸汽均匀溶解模型表层的材料，从而获得光洁表面。相对于溶剂浸泡，溶剂熏蒸可以均匀地溶解模型表面厚约 $2\mu m$ 的一层材料，因此对模型的尺寸和形状影响不明显，且能获得光洁表面。因此，溶剂熏蒸被广泛应用于消费电子工业和医疗行业。溶剂熏蒸效果图如图 5-7 所示，中间部分经过了熏蒸处理。打印出的模型呈亚光状，经过溶剂熏蒸处理的中间部分表面光洁。

此外，当受到 3D 打印设备最大成型尺寸限制而无法加工制作出大型成型制件时，可将大模型分为多个小模型，待所有的部位都加工完毕后，再进行修补、打磨、抛光和黏结等工作，最终组合成整体的成型制件。

图 5-7　溶剂熏蒸效果图

（三）表面涂覆

目前对于 3D 打印制件常用的涂覆方法如下：

1. 喷刷涂料

成型制件表面可以喷刷多种涂料，其示意图如图 5-8 所示，常用的喷刷涂料有反应型液态塑料、液态金属和油漆等。

（1）反应型液态塑料。它是一种双组分液体，其中：一种组分是液态多元醇树脂；另一种组分是固化剂，一般为液态异氰酸酯，它们在室温下按一定比例混合，发生化学反应后能迅速凝固成胶状，最后固化成聚氨酯塑料，采用此种材料涂覆的最大优点是成型制件表面具有光亮的塑料硬壳，强度、刚度较高，并具有防潮能力。

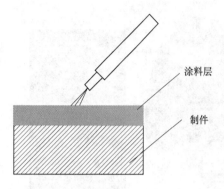

图 5-8 成型制件喷刷示意图

（2）液态金属。它在室温下呈液态或半液态，是一种金属粉末与环氧树脂的混合物。当加入固化剂后能迅速固化，其抗压强度最高可达 80MPa。将它喷涂在成型制件表面时会有金属光泽和较好的耐温性。

（3）油漆。由于使用方便并且有较好的附着力和防潮能力，因此其使用也较为广泛。

2. 电化学沉积

采用电化学沉积（有时也称电镀）能在成型制件表面进行涂覆沉积，可选用的材料种类较多，如金、银、镍、铜、铬、锌、锡、铅、铂或合金等，涂覆层的厚度可达 $50\mu m$ 以上，并且沉积效率较高。电镀铜原理图如图 5-9 所示。目前，大多数成型制件不导电，因此在进行电化学沉积之前，先在成型制件表面喷涂一层导电漆方可进行。另外，此方法不太适宜含有多处深或浅的槽及孔的成型制件加工。

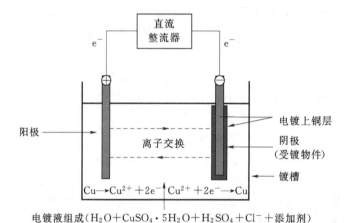

图 5-9 电镀铜原理图

3. 无电化学沉积

无电化学沉积层示意图如图 5-10 所示，无电化学沉积（也称为无电电镀）通过化学反应形成涂覆层，它能在制件表面涂覆金、银、铜、锡以及合金，涂覆层厚为 $5\sim20\mu m/h$。无电化学沉积前，必须先将成型制件表面用碱水清洗 10min，然后用清水漂洗，再使用电解液涂覆其表面一定时间后方可进行无电化学沉积工艺。

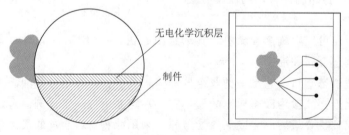

图 5-10 无电化学沉积层示意图

　　无电化学沉积工艺虽然较为繁琐，但与电化学沉积相比，其优点为：沉积层较致密；不需通电；能直接对非电导成型制件进行沉积；对外形较复杂的成型制件进行沉积时，能获得较均匀的沉积层；经无电化学沉积后的成型制件具有较好的化学性能、力学性能或磁性等特性。

　　4. 物理蒸发沉积

　　物理蒸发沉积又称为物理气相沉积。在真空条件下，采用物理方法将材料源（固体或液体表面气化成气态原子、分子或部分电离成离子），并通过低压气体过程（或等离子体过程），在基体表面沉积成某种具有特殊功能的薄膜技术。

　　5. 电化学沉积和物理蒸发沉积的结合

　　此种工艺综合了电化学沉积和物理蒸发沉积的优点，并扩大了涂覆材料的范围，目前应用较为广泛。

二、典型 3D 打印技术的后处理工艺

（一）FDM 技术后处理

　　FDM 技术所用的材料一般是热塑性材料，如 ABS、PC、尼龙等，以丝状供料，因此所制作的成型制件虽然强度较高，但阶梯效应较明显，表面粗糙度较大。加之由于丝状堆积带来的基体材质"各向异性"，导致成型制件几乎不能直接进行打磨、抛光等表面处理。因此，最好先对 FDM 成型制件进行增强处理，再对成型制件的表面进行涂覆、抛光及喷涂。FDM 技术后处理流程如图 5 - 11 所示。

图 5 - 11　FDM 技术后处理流程

　　1. 增强预处理

　　FDM 工艺制作的成型制件常常由于与支撑结构存在接触面，去除支撑材料后，导致成型制件表面丝材的凝固较为松散，有些小结构部件可能会脱离机体。因此在进行 FDM 成型制件表面后处理前，可先涂覆一层增强剂，对这些缺陷加以修复，以预先提高成型制件的表面强度，防止进行后面处理工序时对成型制件表面造成不必要的损伤。

　　2. 表面涂覆

　　对增强处理后的 FDM 成型制件进行表面涂覆，以填充成型制件表面的台阶间隙以及微细丝材之间的缝隙。

　　3. 表面抛光

　　表面抛光工序可手工操作，图 5 - 4 是表面抛光工艺之一的喷丸处理。待 FDM 成型制件表面涂覆完全固化后，采用目数较高的水磨砂纸，对模型表面进行打磨，直至其表面无明显划痕。

　　4. 表面喷涂

　　将经过抛光的成型制件放在干燥箱内除去水分后，再用二甲苯稀释后的硝基底漆喷涂

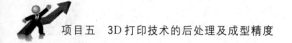

成型制件的表面。若需不同色彩的成型制件，则再选择不同色彩的自喷漆进行喷涂。

（二）SLS技术后处理

由于SLS技术的激光烧结速度很快，粉末熔融后有时相互间尚未充分扩散和融合就已成型，因此成型制件的密度较低，一般为实体密度的60%～70%，这大大影响了成型制件的强度。因此需经过适当的后处理工艺来提高成型制件的强度。塑料粉末的SLS均为直接激光烧结，烧结的成型制件一般不必进行后续处理。

SLS技术后处理有高温烧结、热等静压、溶浸、浸渍4种方法，在具体进行后处理时可根据不同原材料及其性能要求，采用不同的后处理方法。

1. 高温烧结

金属和陶瓷成型制件可用高温烧结的方法进行后处理。经高温烧结后，成型制件的内部孔隙减少，制件密度与强度增加。虽然高温烧结后成型制件各方面性能得到改善，但是其内部孔隙减少会导致制件的体积收缩，从而影响成型制件的外形尺寸。考虑到成型制件需进行高温烧结后处理，因此将成型制件的尺寸设置为上限值。另外，由于炉内温度梯度分布不均匀，可能造成成型制件各个方向的收缩不一致，使成型制件翘曲变形，在应力集中点还会使制件产生裂纹和分层。

2. 热等静压

金属和陶瓷等成型制件可采用热等静压进行后处理。热等静压后处理是借助流体介质，将高温和高压同时均匀地作用于成型制件表面，目的是消除其内部气孔，提高制件的密度和强度。热等静压处理可使成型制件变得非常致密，优于高温烧结工艺，但成型制件的收缩也较大。例如，对铁粉烧结的成型制件进行热等静压处理，可使成型制件最后的相对密度下降到原值的98%左右，对氧化铝陶瓷成型制件进行热等静压处理，也可使成型制件最后的相对密度达到原值的96%～98%。

3. 溶浸

前两种处理方法虽然能够提高成型制件的密度，但也会引起成型制件较大的收缩和变形。为获得足够的强度（或密度），又希望收缩和变形很少，可采用溶浸的方法对SLS技术的成型制件进行后处理。

溶浸是将金属或陶瓷等SLS成型制件与另一种低熔点的液态金属相接触，其目的是让液态金属充分地填充制件内部的孔隙。经冷却后得到致密的零件，而不是靠成型制件本身的收缩。因此溶浸的最大优点是成型制件经过溶浸处理后基本上不会产生收缩，且密度高、强度大、尺寸变化小。

4. 浸渍

浸渍和溶浸工艺基本相似，区别在于浸渍是将液态非金属物质浸入多孔的SLS成型制件内。同时，在其工艺处理中，需控制浸渍后成型制件的干燥过程。干燥过程中的温度与湿度等因素对干燥后成型制件的质量有很大的影响。干燥过程若控制不好会导致成型制件的开裂，从而严重影响零件的质量。浸渍工艺的优点与溶浸基本相同，经过浸渍处理的制件尺寸变化也较小。

（三）SLA技术后处理

对于SLA技术成型制件的后处理，其工序步骤较为复杂，SLA技术后处理工艺流程

如图5-12所示。

图5-12　SLA技术后处理工艺流程

（1）实体成型后，首先要将工作台升出液面，并停留5～10min以晾干制件表面多余的树脂原材料，避免在后固化过程中增加制件的厚度。

（2）从工作台上取出成型制件，去除成型制件表面的支撑。

（3）将成型制件浸泡在工业酒精或丙酮内，去掉制件表面和型腔内部多余的树脂原料。

（4）由于制件中尚有部分未完全固化的树脂，清洗过的制件必须放在紫外烘箱内进行整体后固化，以满足所要求的机械性能。对于尺寸较大的制件及细小精细结构件，这是固化的有效手段。

（5）最后根据最终产品或模型表面的需求，对制件表面进行光滑处理，对加支撑的部位进行打磨、修剪等后处理，以降低制件表面粗糙度，另外，对表面质量要求较高的制件还需进行进一步的喷砂等后处理。

（四）3DP技术后处理

3DP技术成型结束后，将成型制件放置在加热炉中或成型箱中进行一段时间的保温及固化。之后再用除粉设备将黏附于制件表面的粉末除去。此时3DP成型制件的强度较低，必须在制件表面涂上硅胶或其他耐火材料，或用盐水进行固化，以提高成型制件的表面强度。或将成型制件放在高温炉中进行焙烧，以提高成型制件的耐热性及力学强度。

三、头像模型FDM技术后处理案例

（一）工具准备

工具：1000目砂纸，小锉刀，水晶滴胶，丙烯颜料（或者模型漆），调色盘，画笔，勾线笔，尼龙刷子，牙签，喷笔。

（二）操作步骤

对打印完成的FDM产品要做支撑剥离、打磨和喷漆处理，才能获得需要的产品。具体操作步骤如下：

（1）打印完成后拆除支撑，用小锉刀和1000目砂纸进行打磨，打磨完毕后用尼龙刷子清扫模型表面碎屑。打印出的模型如图5-13所示。

（2）利用水晶滴胶去层纹的方法，通过改变固化时间和温度等因素进行操作，具体操作（工艺）如下：

1）严格按照比例调配滴胶，配比为A∶B＝3∶1（重量比）

2）搅拌10min后，静置2h（室温为16℃时静置2h，室温为25℃时静置1h），目的是让气泡消散，增加黏稠度。

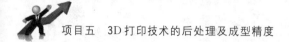
3）用刷子均匀刷在模型上。

建议将模型加热到30～40℃后保持恒温固化，由于滴胶在低于15℃时难以固化，因此可以考虑用热风吹或者热源烘烤2～3h。滴胶处理模型如图5-14所示。

图5-13　打印出的模型

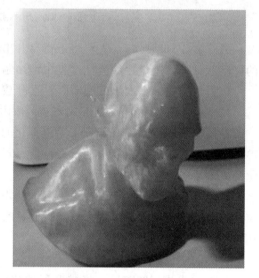

图5-14　滴胶处理模型

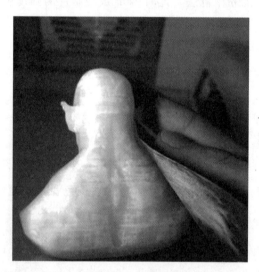

图5-15　打磨过程

（3）滴胶硬化后继续用工具进行打磨，采用工具为1000目砂纸及小锉刀。打磨既能使表面光滑又能减少滴胶的厚度。打磨完毕后，用尼龙刷子清扫模型表面碎屑。打磨过程如图5-15所示。

（4）观察分析模型的色彩关系，选定颜料并涂底漆，分色块底色用于覆盖打印材料的颜色，配合做色彩渐变使模型更有层次感。底漆处理如图5-16所示。

（5）左手戴上手套，右手轻轻喷绘，涂表面颜色。表面颜色需要非常均匀，过渡自然。表面处理如图5-17所示。

（6）刻画细节：用牙签蘸取少量的颜料刻画眼睛、嘴、疤痕等纹理。选用牙签的原因是因为模型较小，勾线笔蘸的颜料过多容易向外扩散。涂漆过程及效果图如图5-18所示。

四、工艺品模型SLA技术后处理案例

（一）设备、工具准备

设备：超声波清洗机1台，固化箱1台。

工具：铲子1把，斜口钳1把，适量3D表面处理液，喷漆1瓶，笔刷若干；一次性

（a）色彩分析

（b）底色绘画

图 5-16 底漆处理

图 5-17 表面处理

水杯和手套若干。

（二）操作步骤

对打印完成的 SLA 产品要做支撑剥离、打磨和喷漆处理，才能获得需要的产品。具体操作步骤如下：

（a）细节勾画　　　　　　　　　　　　　　　　　　　　（b）最终效果

图 5-18　涂漆过程及效果图

（1）将工作台升出液面，并停留 5～10min 以晾干制件表面多余的树脂原材料。晾干制件如图 5-19 所示。

（2）将成型制件带工作台从打印设备取出，利用小铲子工具将成型制件从工作台剥离。利用小铲子取下成型制件如图 5-20 所示。

图 5-19　晾干制件　　　　　　　　　　图 5-20　利用小铲子取下成型制件

（3）将成型制件浸泡在装有工业酒精或丙酮的超声波清洗机中，如图 5-21 所示。清洗 2min 左右，去掉制件表面和型腔内部多余的树脂原料。

图 5-21　将成型制件浸泡在超声波清洗机

（4）将清洗过的制件放在紫外烘箱内进行固化处理，确保树脂完全固化，设置固化时间为2～3min。模型固化处理如图5-22所示。由于本固化箱只有底面有固化光，只能固化底部被光照射的区域。因此，在固化完一面后需要手动翻转，完成另一面的固化，直到整个模型固化完整、均匀。

需要注意的是，固化时间不宜过长，否则制件表面树脂容易被烧伤，影响表面质量。

（5）喷漆的高亮、高光往往会放大模型的缺陷，因此在喷漆之前，需对制件表面进行光滑处理。主要步骤如下：

1）对加支撑的部位进行打磨、修剪等后处理，以降低制件表面粗糙度。

2）对有缝隙、孔洞或者分层明显的地方，刷上3D表面处理液，修补模型表面凹槽，并提高表面光洁度。需要注意的是，表面处理液不能过量，同一位置刷涂1～2遍即可，

图5-22　模型固化处理

避免影响模型的细节精度以及由于刷涂过厚导致处理液流挂造成表面损坏。利用斜口钳剪去多余的支撑如图5-23所示。刷3D表面处理液如图5-24所示。

图5-23　利用斜口钳剪去多余的支撑　　　图5-24　刷3D表面处理液

（6）最后使用金色漆对模型进行喷涂，喷漆材料、方法及效果图如图5-25所示。在如图5-25（b）中，喷漆应选择空旷通风的地方，用杆子把模型固定，左手戴上手套，右手轻轻喷绘，表面需要非常均匀，颜色过渡自然。最终效果如图5-25（c）所示。

（a）喷漆材料　　　　　　　（b）喷漆方法　　　　　　　（c）最终效果

图5-25　喷漆材料、方法及效果图

课后习题

1. 3D打印技术常见的后处理方法有哪些？
2. FDM技术一般的后处理步骤是什么？
3. 简述SLS技术高温烧结后处理的优缺点。

任务二　3D打印技术的成型精度

学习目标

1. 了解成型精度的概念。
2. 熟悉衡量成型精度的标准。
3. 掌握成型精度的影响因素，通过优化参数改善成型精度。

任务描述

　　快速成型技术发展到今天，其成型制件的精度一直是人们需要解决的难题。控制制件的翘曲变形和提高制件的尺寸精度及表面质量一直是研究领域的核心问题之一。本任务为通过老师讲解、查阅资料、实际操作等理解成型精度的概念及测试方法，掌握成型精度的影响因素，通过优化各因素改善产品成型精度。

知识平台

一、成型精度的概念及测试方法

　　成型精度一直是设备研制和成型制作过程中密切关注的问题，也是制约打印成型技术发展、应用的重要方面之一。3D打印时，由于要将复杂的三维加工转化为一系列简单的二维界面叠加，因此成型精度主要取决于二维平面上的加工精度，以及高度方向上的叠加精度。对打印机本身而言，完全可以将 X、Y、Z 三个方向的运动位置精度控制在微米级的水平，从而得到精度相当高的成型制件。因此在加工自由曲面及复杂的内型腔时，3D打印技术比传统的加工方法表现出更明显的优势。然而影响工件最终精度的因素不仅有成型机本身的精度，还有一些其他的因素，而且这些其他因素往往更难于控制。鉴于上述情况，目前3D打印技术所能达到的工件最终尺寸精度还只能是毫米的十分之一水平。

（一）成型精度的概念

　　3D打印成型精度包括打印成型系统的精度以及系统所能制作出的成型制件的精度。前者是后者的基础，后者远比前者复杂。这是由于3D打印技术是由基于材料累加原理的特殊成型工艺所决定的。成型精度与成型制件的尺寸、几何形状、成型材料性能以及3D打印技术密切相关。

1. 成型系统的精度

打印成型系统的精度包括软件和硬件两部分精度。软件部分精度是指CAD模型及层片信息的数据在进行处理时的精度；硬件部分精度是指成型设备的各项精度，包括成型元素（光束直径、熔滴直径等）的作用范围，激光器、工作台等的机械运动精度等。要保证硬件部分的精度，需不断优化调整设备参数，使其处于最佳状态。

2. 成型制件的精度

成型制件的精度与传统制造中的零件精度概念类似，它包括尺寸精度、形位精度、表面质量等。

（1）尺寸精度。由于各种原因，成型制件与三维CAD数据模型相比，在 X、Y、Z 三个方向上都会产生一定的尺寸误差。为了测量出其尺寸误差，沿着成型制件坐标轴的三个方向，分别量取出其最大尺寸和误差尺寸，从而计算出相对误差值与绝对误差值。另外，一般情况下打印成型设备说明书中注明的制件精度，就是指成型制件外形尺寸的误差范围，此数据通常情况下是通过测量制造厂商所制得的测试件得出的数值。

相对误差为

$$\Delta = A - L \tag{5-1}$$

式中 Δ——绝对误差；

A——实际值；

L——理论值。

绝对误差为

$$\delta = \Delta / L \times 100\% \tag{5-2}$$

式中 δ——相对误差值；

Δ——绝对误差；

L——理论值。

（2）形位精度。打印成型时可能出现的形状误差主要有翘曲、扭曲、椭圆度、局部缺陷和特征遗失等。翘曲误差是以成型制件的底平面为基准，测量出最高上平面的绝对、相对翘曲变形量。扭曲误差是以成型制件的中心线为基准，测量出最大外径处的绝对、相对扭曲变形量。椭圆度误差应沿成型制件的成型方向，选取最大圆的轮廓线，测量其椭圆度。

（3）表面质量。影响打印成型制件表面质量的误差有台阶误差、波浪误差以及粗糙度误差，应该在成型制件打磨、抛光等后处理进行之前测量出误差数据。

台阶误差通常情况下出现在自由曲面处，测量方法如图5-26（a）所示，以差值 Δh 来衡量。

波浪误差常常出现在成型制件表面的起伏、凹凸不平之处，测量方法如图5-26（b）所示，以全长 L 上波峰与波谷之间的相对差值 Δh 以及波峰的间距 ΔA 来进行衡量。

（二）成型精度的测试方法

由于造成成型精度误差的因素较复杂，检测条件对误差值也有较大的影响，上述单一

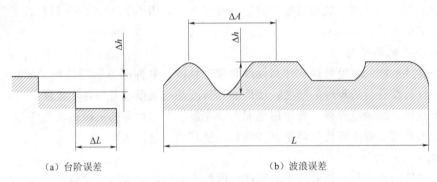

（a）台阶误差　　　　　　　　　　（b）波浪误差

图 5-26　台阶误差、波浪误差测量方法

尺寸精度数据难以确切判断制件的真正精度，因此必须对 3D 打印精度指标进行全面、完善的定义。成型制件的尺寸精度主要体现在以下方面：

（1）首次成型制件的及时检测精度。此项精度是指从成型机上取下的第一次成型制件的精度。

（2）多次补偿成型制件的及时检测精度。此项精度是指多次测量成型制件的误差，根据此进行补偿（修改模型的尺寸和成型过程工艺参数的取值）之后得到的成型制件的及时检测精度。采用多次补偿成型能使制件达到很高的精度，但是，必须为此试成型多次，并反复进行测量和修正，会增加工时和成本。

（3）成型制件存放后的延迟检测精度。该精度是指成型制件存放一段时间后的测量精度。由于存放期间的环境影响（如温度、湿度）以及成型过程中残留在成型制件内的应力、应变状况的变化，成型后制件会继续发生变形，导致精度下降。因此，制件成型后应尽快进行必要的后处理，从而确保其精度。

（4）成型制件三个坐标轴方向的检测精度。由于成型机在 X、Y、Z 三个坐标轴方向上的控制精度有所差异，并且各方向上的影响因素也不尽相同。因此，成型制件沿三个坐标轴方向的精度值不完全一样，特别是 Z 轴方向的精度最不易保证，应该分别沿三个坐标轴方向来检测制件的精度。

（5）最大成型制件的绝对精度。成型制件的尺寸大小不同，所达到的绝对精度也不相同。显然，尺寸愈大、绝对误差愈大。为表征成型机的最高能力，应针对其最大成型制件来测量工件的绝对精度。

打印成型系统及其制件精度的检测流程如图 5-27 所示。

二、成型精度的影响因素

3D 打印技术所涉及的学科和领域较多，如 CAD 技术、机械工程技术、数学控制技术、光学等，并且各种因素的影响以及它们之间的相互影响都极其复杂。因此有必要对产生误差的因素进行进一步研究与分析，其目的是在今后的 3D 打印技术中，尽量避免这些误差因素在 3D 打印过程中出现。

3D 打印过程包括从三维 CAD 数据模型转换到三维实体构造的整个过程，每个阶段都会产生一定的成型误差。总体来说，成型制件的误差来源主要包括数据处理误差、实体成型误差及后处理误差三个方面，零件误差产生的主要因素如图5-28所示。下面主要对这三个方面的误差因素进行分析以找出减小或消除各种误差的途径。

（一）数据处理误差

1. 三维模型网格化误差

对三维CAD数据模型进行分层切片处理前必须对其近似处理，即三维网格化处理，将其转换为3D打印设备所能接受的数据格式，如STL格式，以便进行后续的分层处理与打印成型，它是目前打印成型系统中最常见的一种文件格式，用于将三维模型近似成小三角形平面的组合。用STL格式显示的三维模型如图5-29所示。

此外，在对三维CAD数据模型进行三角形网格化的过程当中，难免出现部分三维CAD数据丢失，从而导致一些误差的产生。进行三角网格剖分的圆柱体如图5-30所示，在制作圆柱体后进行三角网格化，当沿着纵向进行三角网格剖分时，若设定的曲面精度不高，则可以看到网格化后的圆柱体几乎变成了棱柱体。消除这种误差的最佳方法就是直接从三维CAD模型生成3D打印设备可以接收的数据格式，而不需要经过三角网格化的数据处理。但是，目前3D打印技术几乎无法做到这点，所能做到的就是在对三维数据模型进行网格化的过程中，尽可能减少此种误差因素对成型制件造成的影响。STL格式的逼近误差是由

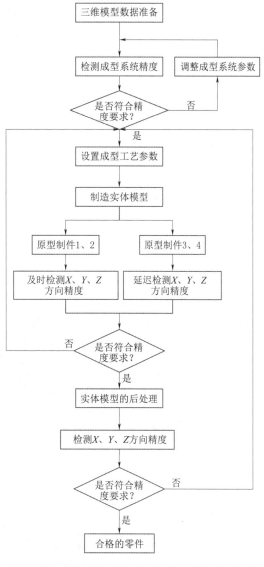

图5-27 打印成型系统及其制件精度的检测流程

STL格式的生成原理决定的，无法避免，减小这种误差的简单方法就是用更多的三角形来逼近CAD模型。

例如Pro/E软件通常采用合适的弦高值作为逼近的精度参数。不同弦高值时进行三角网格化剖分的球体外观效果图如图5-31所示。从图5-31中可以看出，弦高值越小，三角形数量越多，近似精度要求越高。但高精度会造成计算机存储容量过大，数据处理时间过长，相应的3D打印工艺所需的加工时间也会延长，因此若成型制件的精度与表面质量要求不高时，可选用较少的三角形平面进行实体组合。

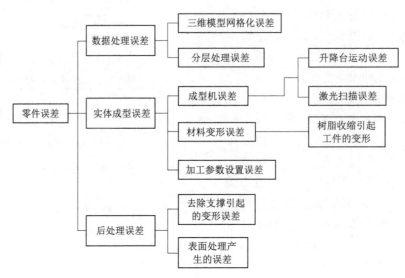

图 5 - 28　零件误差产生的主要因素

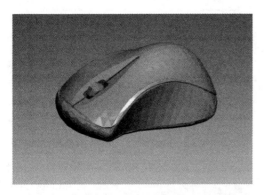

图 5 - 29　用 STL 格式显示的三维模型

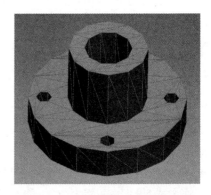

图 5 - 30　进行三角网格剖分的圆柱体

（a）弦高值为50.8mm

（b）弦高值为25.4mm

（c）弦高值为12.7mm

图 5 - 31　不同弦高值时进行三角网格化剖分的球体外观效果图

2. 分层处理误差

（1）台阶效应。在 3D 打印技术中，由于切片分层厚度的存在，不可避免地破坏了实体模型表面的连续性，而且丢失了两切片层间的部分信息，从而出现成型制件的形状和尺寸误差。台阶效应属于离散/堆积成型原理引起的一种原理性误差，是影响打印成型表面质量和精度的一个主要因素。台阶效应示意图如图5-32所示。图5-32是一个经表面三角网格化后的三维球体模型，图5-32（a）和图5-32（b）分别为球体在分层处理前和处理后沿着高度方向的剖面图。球体的打印成型制件如图5-33所示。从图5-33的球体成型制件中可以看出，成型制件在打印完毕后，表面会出现类似缩小了的楼梯台阶，即阶梯效应，这种阶梯效应会直接影响到成型制件的表面质量，若成型制件的分层处理不当，有时会影响成型制件的结构强度。

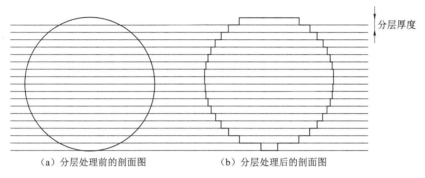

（a）分层处理前的剖面图　　　　（b）分层处理后的剖面图

图5-32　台阶效应示意图

为减小台阶效应，通常会将分层厚度减小。层厚为0.15mm、0.4mm的齿轮模型如图5-34所示。从图5-34中可以看出，二维层片的分层厚度越小，精度就越高，分层所造成的阶梯效应就越不明显。但这往往会造成成型制件的成型时间增加，制作效率降低。因此分层厚度的选取依据，可根据制件最终的表面质量与精度、制作效率等多方面因素综合考虑。当前3D打印技术分层层厚一般为0.05~0.5mm。这就需要设计者根据具体情况，结合上述因素进行综合考虑。

层厚为0.15mm

层厚为0.4mm

图5-33　球体的打印成型制件　　　　图5-34　层厚为0.15mm、0.4mm时齿轮模型

另外，可采用自定义分层厚度的方式来减小台阶效应。自定义分层厚度是指在产品外形要求成型精度高的部位采用较小的切片分层厚度，以减少阶梯效应，保证成型制件的表面精度；而在产品外形要求成型精度不高的部位采用较大的切片分层厚度，这样能有效地能保证成型制件的精度要求。球体的两种分层方法如图5-35所示。在球体的上顶部位采

用自定义分层方法，可保证球体顶部的表面精度。然而目前几乎所有的 3D 打印技术都采用等厚的切片分层方法，这种自定义分层方式仍无法实现。

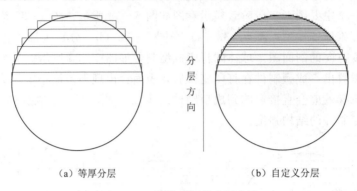

（a）等厚分层　　　　　　　　　　　（b）自定义分层

图 5-35　球体的两种分层方法

（2）分层方向选择产生的误差。在 3D 打印技术的成型过程中，与分层方向平行的零件表面不会产生阶梯效应。因此在选择分层方向时，应将一些极为重要的、精度要求高的成型表面放置在与分层切片方向相平行的方向上，而将那些不重要的零件表面放置在与分层切片方向相垂直的方向上。

A、B 表面的摆放原则如图 5-36 所示。在图 5-36（a）中，倘若成型制件 A、B 表面的质量与尺寸精度要求较高，可将模型 A、B 表面逆时针旋转至为水平方向上，如图 5-36（b）所示。在此成型方向上获得的模型，可以保证 A、B 表面的质量与尺寸精度，但其他表面特征的精度就会相对下降。

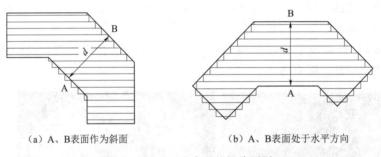

（a）A、B表面作为斜面　　　　　　（b）A、B表面处于水平方向

图 5-36　A、B 表面的摆放原则

合理选择模型的成型方向能有效改善模型表面精度与成型质量。通常情况下成型方向的选取可遵循以下原则：

1）一般情况下，应将重要的成型表面置为上表面。相机的随意成型方向如图 5-37 所示。在进行 3D 打印技术成型时若要保证其镜头成型精度，就须将其按照图 5-38 的方位摆放，而不是按图 5-37 的位置随意摆放。

2）表面质量要求高的成型面摆放原则：上表面成型质量优于下表面，水平面优于垂直面，垂直面优于斜面；水平方向的成型精度优于垂直方向；水平面上的圆孔、立柱质量及精度优于垂直面上的圆孔与立柱质量及精度。

3）若有强度方面要求的模型，应选择强度要求高的方向为水平方向。经实验和检验，

图 5-37   相机的随意成型方向

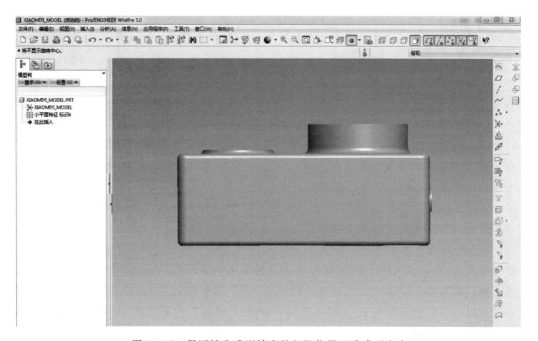

图 5-38   保证镜头成型精度的相机位置正确成型方向

水平方向的强度高于垂直方向的强度。

4）若有较小直径的立柱、内孔等模型特征，则尽量选择垂直方向成型。

（二）实体成型误差

1. 成型机误差

成型机误差是导致成型制件的原始误差，升降台 Z 向运动误差影响层片叠加过程中的层厚精度，从而导致 Z 方向的尺寸误差；扫描机构在水平面内的运动宏观上表现为成型制件的形状、位置误差，微观上则由于层片的"滑移"导致粗糙度增大。机器误差在成型系统的设计及制造过程中应尽量减小，因为它是提高制件精度的硬件基础。这部分的精度是由打印成型系统硬件设施决定的，要保证这部分的精度，需要不断地优化调整设备参数，使其处于最佳状态。

2. 材料变形误差

在成型过程中，材料状态的变化会引起制件的线性收缩、体积收缩和热变形，从而导致制件的形状和尺寸变化。因成型材料性能而导致的固化物变形被称为固化变形。主要表现为树脂从液态到固态的相变而出现的体积收缩变形；反应释放的热量在已固化部分内部的不断积聚而使固化物产生的热变形。

3. 加工参数设置误差

3D打印成型的参数较为复杂，各参数之间又互相制约，若设置的不恰当，会对模型的成型速度和表面质量产生很大影响。以FDM技术为例，在打印成型过程中的主要参数有以下选择原则：

（1）轮廓线宽。轮廓线宽为层片上轮廓的扫描线宽度。在成型过程中，丝束经过小孔挤出，使从喷嘴喷出的丝具有一定的宽度，即在出口区域存在"膨化现象"，从而造成填充轮廓路径时的实际轮廓线超出理论轮廓线一些区域。在实际工艺过程中挤出丝的形状、尺寸受到喷嘴直径 d、分层厚度 δ、挤出速度 V_e、扫描速度 V_f 等诸多因素的影响。如果不考虑材料的收缩因素，挤出丝的丝宽 W 为

$$W = [V_e \pi d^2][4V_f \delta] \qquad (5-3)$$

由式（5-3）可见，如果扫描速度 V_f 不变，随着挤出速度 V_e 增大，丝宽 W 逐渐增大。而当挤出速度大到一定程度时，挤出丝就会黏附于喷嘴的外表面，从而造成不能正常出丝加工。这就是前面提到的扫描速度要与挤出速度相匹配的原则。同时，挤出丝的宽度 W 应根据成型制件的造型质量进行调整，通常设置为喷嘴直径的 1.3～1.6 倍。

（2）扫描次数。扫描次数为层片轮廓的扫描次数，后一次扫描轮廓沿前一次轮廓向内偏移一个轮廓线宽。因此若成型制件不须做打磨等的后处理时，可以降低扫描次数至1次，这样能大大提高模型的成型速度。

（3）水平角度。水平角度为设定的能够进行孔隙填充的表面最小角度（表面与水平面的最小角度）。当表面与水平面角度大于该值时，可以填充孔隙；小于该值时，则按填充线宽进行标准填充（以保证表面密实无缝隙）。水平角度的值越小，标准填充的面积就越小，但若过小的话会在某些表面形成孔隙，影响成型制件的表面质量。根据多次试验结果，水平角度一般设为45°左右。

（4）扫描路径与填充方式。成型过程中对二维轮廓进行扫描的目的是为了获得较好的表面精度。轮廓扫描路径是通过轮廓偏置补偿激光光斑、增加喷丝宽度等方法生成的。经切片处理、零件三维模型分层处理后得到的截面轮廓加工路径如图5-39所示。每层片截

面轮廓扫描包括填充扫描以及轮廓扫描，因此生成的轮廓扫描路径有可能会发生相交现象。此时若不进行有效处理，就有可能生成错误的加工路径，或无法生成填充扫描路径，最严重会影响零件整体外形的成型质量。

在打印成型过程中，喷头常用的填充路径方式主要有单向扫描、多向扫描、十字网格扫描、沿截面轮廓偏置扫描、Z字形扫描等，常用的几种填充路径形式如图5-40所示。在模型的实际加工当中，应综合考虑各方面因素恰当地选择填充路径的方式。

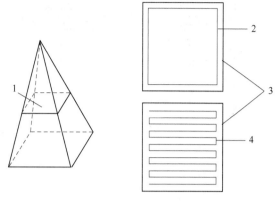

图5-39 截面轮廓加工路径
1—分层平面；2—轮廓扫描；3—截面轮廓；4—填充扫描

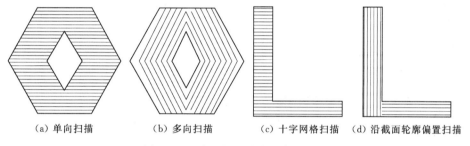

(a) 单向扫描　(b) 多向扫描　(c) 十字网格扫描　(d) 沿截面轮廓偏置扫描

图5-40 常用的几种填充路径形式

（5）填充间隔。填充间隔对成型速度有很大影响。对于壁厚较厚的成型制件，为提高成型速度，可在其内部采用孔隙填充的方法，即相邻填充线之间有一定的间隔。对于壁薄的成型制件，只能采取无间隔填充线进行填充，以保证模型具有一定的强度。

（6）支撑间隔。为提高加工速度而又不影响表面质量，在距离产品模型较远的支撑部分，可采用孔隙填充的方式，这样同时也减少了支撑材料的过多使用。支撑间隔的经验值一般选为4mm。

（7）表面层数。表面层数为支撑的表面层数。为使成型制件具有较高的成型表面质量，需采用标准填充，即将表面层数设定为标准填充的层数，一般为2~4层。

根据以上几个主要参数的选择依据，合理地选择制作按钮的各个参数，如图5-41所示。采用FDM技术制作的按钮模型如图5-42所示。

（三）后处理误差

通常情况下，从成型设备上取下成型制件后，还需对其进行一些必要的后处理工序，例如进行剥离，以便去除废料和支撑结构；有的还需要进行后固化、修补、打磨、抛光和表面处理等。

后处理工艺不当可能会严重影响成型制件的精度，后处理过程中产生误差的原因主要有去除支撑材料时可能会影响成型制件表面的精度；烧结后处理可能会引起工件形状和尺

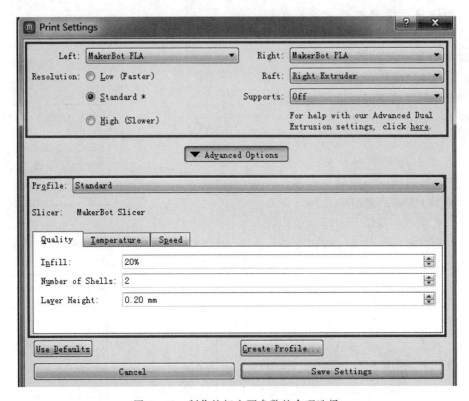

图 5-41　制作按钮主要参数的合理选择

图 5-42　采用 FDM 技术制作的按钮模型

寸误差等；此外，修补、打磨、抛光也会影响成型制件的尺寸及形状精度。

后处理产生的误差解决办法如下：

（1）对于有支撑结构的成型制件，要掌握支撑剥离的时机。例如，刚刚完成光固化的成型制件往往存在较大的内部应力，在此后的时间里应力会以近似指数曲线逐渐消失。过早的剥离支撑结构可能会因未消除的残余应力而产生变形。

（2）后续加工处理问题。为改善成型制件的表面平滑程度，或表面材料性能等，经常要对已固化的制件进行修补、打磨、抛光、镀覆或是机械加工等后处理工作。要注意工艺的合理性，防止因为后处理不当而产生新的误差。

任务实施

三、成型精度的测试案例

对使用 UP Box＋打印设备打印的制件进行精度分析，测试工件如图 5-43 所示。测试不同位置方向的实际尺寸并进行对比，可以获得测试件各位置的实际偏差。

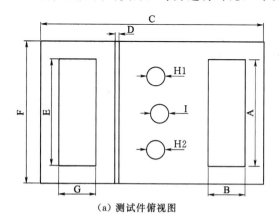
（a）测试件俯视图

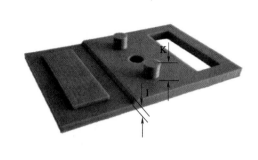
（b）测试件三维视图

图 5-43　分析尺寸精度的测试工件

下面将以 0.2 层厚、15％填充密度、默认打印参数进行打印得到表 5-1 列出的成型工件尺寸精度对比表。字母代表测试位置。

表 5-1　　　　　　　　成型工件尺寸精度对比表

测试位置	理论尺寸/mm	实际尺寸/mm	收缩百分比/％
A	76.2	76	0.26
B	25.4	25.35	0.20
C	152.4	153.05	0.43
D	2.54	2.54	0
E	76.2	76.2	0
F	101.6	101.65	−0.05
G	25.4	25.45	−0.02
H1	12.7	12.6	0.79
H2	12.7	12.6	0.79
I	12.7	12.6	0.79
J	6.35	6.355	−0.08
K	12.7	12.6	0.79

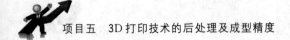

通过表 5-2 的数据可获知此台打印设备打印出来的模型的收缩率，从而对设计模型具有一定的帮助。

1. 制件的成型精度包括哪些内容？

2. 通常情况下，设备制造商常常会采用尺寸精度和粗糙度来衡量 3D 打印技术的成型精度。尺寸精度和粗糙度如何表征？

3. 简述后处理产生误差的解决办法。

项目六　3D 打印常见问题及解决对策

项目引入

　　3D 打印成型设备要经久耐用，确保能加工出质量合格的产品，日常维护保养就显得非常重要。成型原理的不同会导致成型设备组成不同，如 SLS 技术是通过激光照射在粉末表面，使粉末中的黏结剂或熔点较小的粉末材料熔融固化成型，设备主要包括铺粉机构、激光装置等；而 FDM 技术的原理是在喷头里将丝材加热熔化，然后将其从喷嘴挤出叠加成型，设备的主要机构是喷头。因此，对于 3D 打印设备的维护，因成型技术不同而有所区别，需根据产品说明书进行调节。本项目主要以 FDM 设备为例，详述 FDM 设备和成型制件的常见问题及相应的解决对策。在实际操作中请务必参考厂商提供的详细文档和教程。

任务一　设备常见问题及解决对策

学习目标

　　1. 了解 FDM 设备在使用过程中经常出现的问题。
　　2. 掌握常见问题的一般解决方法与步骤。

任务描述

　　通过查阅打印设备说明书、网络资料等，总结分析打印成型设备常见故障，完善常见故障及解决方法；通过老师演示操作、查询相关操作手册，掌握这些问题的解决对策。

知识平台

一、工作台倾斜

　　FDM 设备的打印平台水平度对打印初始阶段喷头与打印平台之间间隙的均匀程度具有直接影响。间隙过大，容易出现基底翘边问题；间隙过小，则容易堵塞喷头。因此，打印前必须确保打印平台的水平度。在成型设备的使用过程中，通常通过 UPStudio 软件的"自动补偿"按键，使设备自身自动进行调平，打印平台自动调平方法如图 6 - 1 所示。

打印头座

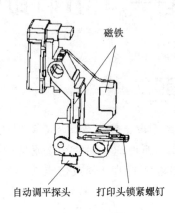
磁铁

自动调平探头　　打印头锁紧螺钉

（a）平台校准界面　　　　　　　（b）打印机示意图

图 6-1　打印平台自动调平方法

需要注意的是，在整个操作过程中，应避免平台与喷头有过多摩擦，防止喷头损坏。

（一）自动调平

（1）成型设备控制软件中运行自动调平功能后，喷头会依次移动平台上 9 个点的位置，移动到每一个点时，喷头上的调平探头会向下打开，平台缓慢上升。

（2）当探头接触到平台那一刻，机器会读取这一点的数据，即补偿值；当 9 个点的补偿值都获取完成后，软件会显示出平台 9 个点的高度补偿值如图 6-2 所示。软件界面弹出喷嘴的高度值，然后根据机器上的打印底板选择多孔板或是麦拉板，喷嘴高度值如图 6-3 所示。

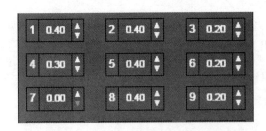

图 6-2　平台 9 个点的高度补偿值

图 6-3　喷嘴高度值

（3）以上调平过程完成后，喷头开始加热材料至熔融温度，随后吐丝打印测试方框。当机器吐丝打印的第一层能够稳固地黏在平台上时，证明平台已经水平。

（二）手动调平

当设备的自动调平功能无法把平台调水平时，就需要进行手动调平。

打开软件，点击图标"▶"校准按键，再点击软件上的"手动校准"，然后弹出手动校准水平界面，如图6-4所示。

点击"1"，调第一个位置，把卡片放在平台上，然后点击图标"▲"，使平台上升刚好接触喷嘴，当移动卡片时感觉受到一定阻力，此时平台处于一个合适的打印高度位置，点击图标"◎"，软件便会记录喷嘴在点"1"的高度值，接着进行剩下8个点的取值。用卡片测量喷嘴与平台的合适距离如图6-5所示。

图6-4 手动校准水平界面

图6-5 用卡片测量喷嘴与平台的合适距离

二、喷嘴不出丝

成型设备在工作时，有时会出现喷嘴突然不出丝的问题，尤其是对于一些价格低廉、性能不高的成型设备而言，这种情况出现的概率比较大。当3D打印过程中喷嘴不出丝时，设备则会空走直到打印完成，使得成型制件只能部分成型。喷嘴不出丝实例如图6-6所示，图6-6（a）是完整成型件，图6-6（b）是由于喷嘴不出丝导致打印失败的部分成型件。

（a）完整成型件

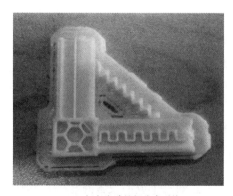

（b）打印失败的部分成型件

图6-6 喷嘴不出丝实例

当发现 3D 打印设备喷嘴不出丝时，可进行以下检查：

（1）检查送丝器。加热进丝，如果是外置齿轮结构送丝，观察齿轮转动是否正常；如果是内置步进电机送丝，观察进丝时电机是否微微震动并发出工作响声，若有则说明是电机线接错需要调节中间两项线，如果无则检查送丝器及其主板的接线是否完整，不完整需及时维修。

（2）查看打印温度。ABS 打印喷嘴温度为 210～230℃，PLA 打印喷嘴温度为 195～220℃。

（3）查看喷嘴是否堵头。加热喷嘴，将 ABS 加热到 230℃，PLA 加热到 220℃，丝上好后用手稍微用力推动看喷嘴是否出丝，如果出丝，则说明喷嘴没有堵头；如果不出丝，则拆下喷嘴清理内部积屑或者更换喷嘴。

（4）工作台是否离喷嘴较近。如果工作台离喷嘴较近则工作台挤压喷嘴不能出丝。调整喷嘴与工作台之间距离，距离为刚好放下一张纸为宜。

三、模型无法粘牢打印平台

打印初始阶段，有时挤出的丝料无法粘牢在打印平台上，如图 6-7 所示。挤出丝会

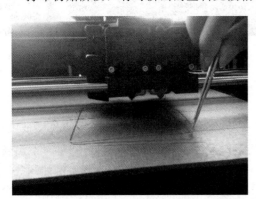

图 6-7　模型无法粘牢打印平台

随着喷头的移动而运动，模型的第一层无法黏结在平台上，导致挤出丝材混乱的问题，严重时会堵塞喷头，此时应仔细检查喷头和平台间距离、平台温度设置、打印耗材情况等并做调整。

1. 喷头和平台间距离

对于喷嘴距离工作台距离太远的情况，需要旋转平台底部的螺母，调整平台高度，让平台贴近喷头。如果还是无法粘牢，则运行打印机的校准程序。将一张更薄的纸放在平台上进行校准，目的是调整平台让喷头更靠近纸张，重复几次，直到模型紧紧黏在平台上。

2. 平台温度设置

检查工作台温度是否存在太高或者太低情况。ABS 打印工作台温度应该在 900℃ 左右，PLA 打印工作台温度应该稳定在 55℃ 左右。

3. 打印耗材情况

各耗材厂家所生产的打印耗材参差不齐，因此可以尝试更换一下打印材料。

四、其他

除了上述的三个成型设备问题外，其他常见问题还有喷头无法升温，如何更换耗材、喷头位置偏移、挤出头坐标位置异常，喷头或打印平台无法移动、移动时发出咔哒声等问题，成型设备常见问题及解决方法见表 6-1。

表 6 - 1　　　　　　　　　　**成型设备常见问题及解决方法**

问题描述	解 决 方 法
喷头无法升温	1. 检查加热棒、加热电阻的引线与延长线之间的压接套，查看是否有接触不良的问题。 2. 检查风扇口是否正对打印模块的打印喷头。 3. 更换热电偶
如何更换耗材	1. 更换丝材的最简单方法是使用打印程序内置的脚本"Utlities"→"Filament Options"，其中有装载或卸载丝材的选项，按照说明操作即可。 2. 手动装卸丝材，先将挤压头工作温度调到 225℃，然后设置挤压机的转速为 3r/min，让电机反向转动后就可以取出塑料丝材，只需 30s 就可以完成。相反，电机正向转动可将塑料丝材重新装入
喷头位置偏移，挤出头坐标位置异常	原因：1. 同步轮没上紧； 　　　2. 光轴污物太多，导致阻力太大，电机失步； 　　　3. 挤出头上的白色透明管弹性过大。 对比以上问题进行检查，有针对性地解决即可
喷头或打印平台无法移动、移动时发出咔哒声	用尼龙布擦构架丝杆，清理丝杆和喷头内部上积聚的灰尘及其他杂质，另在丝杆上抹上润滑油，减小喷头装置、平台机构与丝杆之间的摩擦

课后习题

1. FDM 成型设备常见问题有哪些？对应有哪些解决方法？
2. 查阅相关资料，了解其他典型 3D 打印成型设备常见的问题及解决对策。
3. 练习调整打印平台、更换耗材等。

任务二　成型制件常见质量问题及解决对策

学习目标

1. 了解 3D 打印技术成型制件常见质量问题。
2. 分析成型制件出现问题的原因并掌握相应的解决对策。

任务描述

　　除任务一提及的情况外，有时成型设备一直正常运行，而采用 3D 打印技术获得的成型制件会出现错位、断层、翘曲变形等质量问题。因此，学习者除了需要具备排除设备故障的能力外，还应该掌握成型制件常见质量问题及其解决对策，为 3D 打印技术的实际应用奠定基础。通过查阅打印设备说明书、网络资料等，总结成型制件常见质量问题；通过老师演示操作，总结实际操作经验，掌握这些问题的解决对策。

知识平台

　　采用 3D 打印技术获得的成型制件质量并不是都满足要求。通常情况下，刚从设备上取下来的部分成型制件会存在断层、错位，大平面模型翘曲变形，表面不够光滑，或曲面上存在因分层叠加成型引起的表面小台阶现象、模型拉丝等问题。以上质量问题有的可以在成型过程中通过优化成型参数、变动成型位置等操作避免，有的需经过一定的后处理，如支撑去除、固化、修改、打磨、抛光等强化处理等，才能满足产品或模型制件的最终需求。以下将具体分析成型制件常见的质量问题，并详细阐述其解决对策。

一、模型错位、断层

　　3D 打印技术采用逐层堆积的方式完成模型的整体成型。若在成型过程中，由于切片模型错误等原因导致成型过程中片层脱离设定位置，就容易产生模型错位的现象。片层错位层层累积，已成型的部分无法提供支撑时，就会产生断层现象。实际应用中出现的模型断层、错位实例如图 6-8 所示。

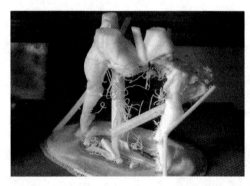

图 6-8　模型断层、错位实例

　　模型产生错位、断层现象的原因主要有：

　　1. 切片模型错误

　　目前最常见的切片软件是 Cura、Repetier。这些软件大多都是开源的，软件的稳定性、专业性不能保证，另外设计的模型不一定完全适合切片软件。因此首先考虑的是把模型重新做切片处理或将模型移动位置，让软件重新生成 Gcode 文件进行打印。

　　2. 模型问题

　　出现错位重新切片后模型仍是错位的，更换成以前打印成功的模型进行试验，如果无误，则是模型错误，需对模型进行修改。

　　3. 打印过程中喷嘴被强行阻止路径

　　模型打印过程中，若成型制件上表层有积屑瘤，则下次打印将会重复并增大积屑，一定程度坚硬的积屑瘤会阻挡喷嘴正常移动，使电机丢步导致错位。这种情况下，需暂停设备，重新打印。

4. 电压不稳定

观察打印错位是否是由大功率电器比如空调或一部分电器的电闸一起关闭引起的，如果是，需要在打印电源上加上稳压设备。如果不是，则观察是否每次喷嘴走到同一点均出现行程受阻。喷嘴卡位后出现错位，一般是 X、Y、Z 轴电压不均，调整主板上的 X、Y、Z 轴电机驱动器电阻使通过三轴的电流基本均匀。

5. 主板问题

上述问题排除后，仍无法解决错位问题，而且出现打印模型都在同一高度错位的情况时，则需要更换主板。

二、成型制件翘曲变形

采用 ABS 材料打印三维模型，特别是大尺寸或者是底部面积较大的模型时，成型制件容易产生翘曲变形现象。这是因为模型的底部边缘与基底粘得不牢靠，温度的快速降低会导致材料收缩。具体影响因素有平台底盘预热不均、打印速度较慢、ABS 打印材料的弹性和收缩度不够。因此，翘曲变形问题可根据以上影响因素进行相应的调整。

另外，避免产生模型翘曲变形问题有如下方法：

（1）使用耐高温胶带。打印过程中，为使加热板与模型更好得黏合，可以使用耐高温胶带。耐高温胶带能牢牢粘住模型，有效降低打印卷翘、变形的可能性。

（2）选择合适的材料。一般使用 ABS 材料打印大型制件容易翘边，建议尽量选择 PLA 材料。与 ABS 材料相比，PLA 材料在硬度、弹性与收缩性上有明显优势，同时抗翘曲变形的性能更好。

（3）若是打印过程中已经出现翘曲变形的状况，可以于开始阶段在翘边的部位多涂点胶。

此外，还可以通过添加辅助盘的方式应对模型边角翘曲问题。打印设置时，在翘边的部位底部添加辅助盘，打印完成后，辅助盘也容易剥离。添加辅助盘效果图如图 6-9 所示。

左角平面发生严重的翘曲变形问题时，可以在容易发生翘曲变形的角落底添加辅助盘。具体添加方法如下：

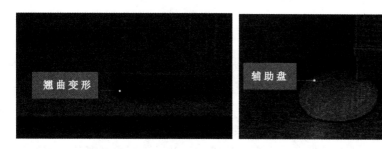

图 6-9 添加辅助盘效果图

打开 UPStudio 软件，导入模型。软件添加辅助盘过程如图 6-10 所示。图 6-10 中建筑模型有很多边角，且底部平面较大，打印时容易产生翘曲变形问题。将模型移到一边，在左边的菜单中点击"＋"图标，选择符合大小的辅助盘 STL 格式文件，然后将辅

助盘放置在建筑模型的各个角上，移动模型放置在盘上。设置相关的参数后进行打印。除去辅助盘后，最终可获得建筑模型。可以看出，模型的各个角落都比较平整，未出现翘曲变形现象。

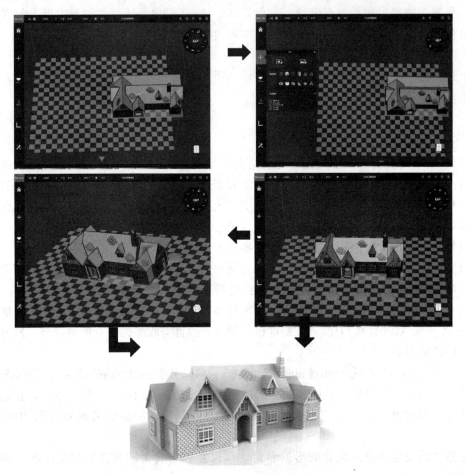

图 6 - 10　软件添加辅助盘过程

三、成型制件表面粗糙

采用 FDM 技术打印出的产品，无论是简易的桌面级设备还是配置较高的工业级设备，都面临一个难以解决的问题：打印出来的产品都会有阶梯效应，即呈现一层一层明显的阶梯状，表面质量对比图如图 6 - 11 所示其中左边光滑，右边粗糙。对比一些需要设置支撑结构的模型，拆除支撑后避免不了模型表面打印效果较差，剥离的支撑结构如图 6 - 12 所示。图 6 - 12 右上角是模型图，实际打印模型设置了密密麻麻的支撑结构，较难将其从模型中剥离出来。对于需设置支撑结构的模型，应调节支撑结构间隔，间隔值设置为 "8lines" 较合适。

支撑结构和模型实体的距离加大，便于拆除支撑结构。另外，支撑结构可采用易剥离的水溶性材料进行打印。

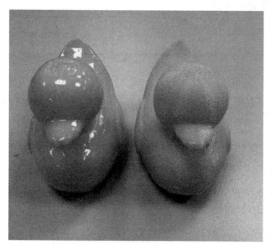

图 6-11　表面质量对比图

图 6-12　剥离的支撑结构

成型制件的质量不仅与成型设备有关，成型制件参数的设置，如填充率、温度、外壳层数、层厚等，也对质量有显著的影响。不同的成型制件对成型参数的要求也不同。当成型制件打印精度与理论设计出现较大差距时，可以根据实际情况对打印参数进行调整。

（1）成型制件外表面若出现积屑瘤，则有可能是喷头温度过高，导致材料融化过快溢出外表面造成；若喷头温度合适，则可以考虑降低耗材流量设置，将默认的100%改为80%。

（2）对于外表较复杂或含有尖锐转角的成型制件，首先应尽量降低切片厚度，最大限度地保留设计原型；此外，当喷头进行这类制件的打印时，可以适当降低打印速度，同时降低打印温度。

（3）根据材料丝直径对打印喷头移动间距进行调整。不同材料丝的固化时间及固化收缩率都存在一定差别，喷头移动过程中相邻两条路径的间距和其与材料丝直径的关系对成型制件整体精度有较大影响：当路径间距大于材料丝直径时，会造成线与线之间的连接强度变低；当路径间距小于材料丝直径时，料丝出现重叠，造成成型制件边缘向中心收缩。因此，应根据材料热性能和材料丝直径调整出合适的喷头移动间距。

（4）合理布置模型打印顺序。一般FDM设备打印出的成型制件上表面质量好于下表面，水平面好于垂直面，垂直面好于斜面，因此可以将比较重要的表面作为上表面来打印；如果有小于10mm的柱状、内孔等形貌，尽量选择垂直方向成型。

（5）完成制件切片进行打印时可以将制件中较大的成型平面放在最底层，避免受力不均出现的坍塌现象。

（6）对于需要支撑结构的模型，要避免选用投影面积小、高度高的支撑结构，这样的结构不仅支撑效果不理想，且成型后不易去除。

常见模型打印参数推荐见表6-2。但是在实际操作过程中可能会面临从未出现过的模型或是更复杂的要求，因此在实践过程中要总结经验，根据实际情况调节各参数。

表6-2   常见模型打印参数推荐

模型图片	尺寸（长×宽×高）/（mm×mm×mm）	建议参数	常见问题表现	常见解决办法
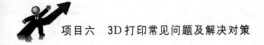	106×106×140	填充率：20%，层　厚：0.2mm，支撑层数：3，支撑角度：30°，支撑间隔：8mm，质　量：默认	悬空部分下垂，细节表现不明显，表面太粗糙	降低打印温度，使用带冷却风扇装置的打印机，提高切片精度
	80×80×80	填充率：65%，层　厚：0.2mm，支撑层数：3，支撑角度：30°，支撑间隔：8mm，质　量：较好	顶部丝材掉落，拉丝现象严重	降低打印温度，使用带冷却风扇装置的打印机，同时也要降低打印速度
	105×105×130	填充率：65%，层　厚：0.2mm，支撑层数：3，支撑角度：30°，支撑间隔：8mm，质　量：默认	内部拉丝严重，外表不光滑，不精细	降低打印速度，提高切片精度
	200×135×135	填充率：65%，层　厚：0.2mm，支撑层数：3，支撑角度：60°，支撑间隔：4mm，质　量：较好	翘边，底部黏不住平台，顶部有熔融现象	在没有加热平台的情况下，改变打印机周围室内温度，顶部降低打印速度
	75×75×65	填充率：65%，层　厚：0.2mm，支撑层数：3，支撑角度：30°，支撑间隔：8mm，质　量：默认	表面不光滑，顶部脱落	顶部降低打印速度
	300×200×150	填充率：65%，层　厚：0.2mm，支撑层数：3，支撑角度：30°，支撑间隔：8mm，质　量：默认	齿轮上存在明显的小台阶	减小切片层厚

参 考 文 献

［1］ 陈雪芳，孙春华. 逆向工程与快速成型技术应用 ［M］. 北京：机械工业出版社，2009.

［2］ 王广春，赵国群. 快速成型与快速模具制造技术及其应用 ［M］. 北京：机械工业出版社，2013.

［3］ 韩霞，杨恩源. 快速成型技术与应用 ［M］. 北京：机械工业出版社，2012.

［4］ 龙瑞. 快速成型直接切片技术研究 ［D］. 南京：南京理工大学，2012.

［5］ 刘海涛. 光固化三维打印成形材料的研究与应用 ［D］. 武汉：华中科技大学，2009.

［6］ 余梦. 熔融沉积成型材料与支撑材料的研究 ［D］. 武汉：华中科技大学，2009.

［7］ 刘斌，谢毅. 熔融沉积快速成型系统喷头应用现状分析 ［J］. 工程塑料应用，2008，36（12）：68－71.

［8］ 王运赣. 增材制造、快速成型、三维打印与第三次工业革命 ［C］. 全国增材制造技术学术会议，2012.

［9］ 闫春泽. 粉末激光烧结增材制造技术 ［M］. 武汉：华中科技大学出版社，2013.

［10］ 中国机械工程学会. 3D打印：打印未来 ［M］. 北京：中国科学技术出版社，2013.

［11］ 赖周艺，朱铭强，郭峤. 3D打印项目教程 ［M］. 重庆：重庆大学出版社，2015.

［12］ 彭安华，张剑峰，王其兵. 提高快速成型制件精度方法研究 ［J］. 金属铸锻焊技术，2008，37（5）：122－126.

［13］ 杨家林，王洋，陈杨. 快速成型技术研究现状与发展趋势 ［J］. 新技术新工艺，2003（1）：28－29.

［14］ 陈婵娟. 快速成型技术的现状及与发展趋势 ［J］. 湖南科技学院学报，2011，32（8）：68－71.

［15］ 吴怀宇. 3D打印：三维智能数字化创造 ［M］. 北京：电子工业出版社，2015.

［16］ 魏青松. 粉末激光熔化增材制造技术 ［M］. 武汉：华中科技大学出版社，2013.

［17］ 王从军. 薄材叠层增材制造技术 ［M］. 武汉：华中科技大学出版社，2013.

［18］ 莫健华. 液态树脂光固化增材制造技术 ［M］. 武汉：华中科技大学出版社，2013.

［19］ 李中伟. 面结构光三维测量技术 ［M］. 武汉：华中科技大学出版社，2013.

［20］ 杨永强，王迪，吴伟辉. 金属零件选区激光熔化直接成型技术研究进展 ［J］. 中国激光，2011，38（6）：1－10.

［21］ 王学让，杨占尧. 快速成型理论与技术 ［M］. 北京：航空工业出版社，2001.

［22］ 深圳创新设计研究院. 3D打印产业调研报告 ［R］. 2013.

［23］ 杨永强，宋长辉. 广东省增材制造（3D打印）产业技术路线图 ［M］. 广州：华南理工大学出版社，2017.

［24］ 郭淑兰. 快速成型过程中精度控制及其传递规律的研究 ［D］. 武汉：武汉理工大学，2004.

［25］ 吴卫东，刘德仿. 快速成型件精度的影响因素及对策 ［J］. 盐城工学院学报，2001，14（3）：12－14.

［26］ 王晓燕，朱琳. 3D打印与工业制造 ［M］. 北京：机械工业出版社，2019.